COMO REPROGRAMAR SEU CÉREBRO ANSIOSO

CATHERINE M. PITTMAN PHD
ELIZABETH M. KARLE MLIS

COMO REPROGRAMAR SEU CÉREBRO ANSIOSO

Use a neurociência do medo para acabar com a ansiedade, o pânico e as preocupações

TRADUÇÃO
Edmundo Barreiros

Título original: *Rewire Your Anxious Brain: How to Use the Neuroscience of Fear to End Anxiety, Panic & Worry*

Copyright © 2015 by Catherine M. Pittman & Elizabeth M. Karle

New Harbinger Publications, Inc.
5674 Shattuck Avenue
Oakland, CA 94609
www.newharbinger.com

Direitos de edição da obra em língua portuguesa no Brasil adquiridos pela Agir, selo da EDITORA NOVA FRONTEIRA PARTICIPAÇÕES S.A. Todos os direitos reservados. Nenhuma parte desta obra pode ser apropriada e estocada em sistema de banco de dados ou processo similar, em qualquer forma ou meio, seja eletrônico, de fotocópia, gravação etc., sem a permissão do detentor do copirraite.

EDITORA NOVA FRONTEIRA PARTICIPAÇÕES S.A.
Av. Rio Branco, 115 – Salas 1201 a 1205 – Centro
20040-004 – Rio de Janeiro – RJ – Brasil
Tel.: (21) 3882-8200

Dados Internacionais de Catalogação na Publicação (CIP)

P689c   Pittman, Catherine M.

Como reprogramar seu cérebro ansioso: use a neurociência do medo para acabar com a ansiedade, o pânico e as preocupações / Catherine M. Pittman, Elizabeth M. Karle; tradução por Edmundo Barreiros. – Rio de Janeiro: Agir, 2023.
224 p.; 15,5 x 23 cm

Título original: *Rewire Your Anxious Brain: How to Use the Neuroscience of Fear to End Anxiety, Panic & Worry*

ISBN: 978-65-5837-144-1

1. Aperfeiçoamento pessoal . I. Karle, Elizabeth M . II. Barreiros, Edmundo. III. Título.

CDD: 158.1
CDU: 130.1

André Queiroz – CRB-4/2242

CONHEÇA OUTROS LIVROS DA EDITORA:

Este livro é dedicado a todas as crianças e adultos que sofrem de ansiedade ou pânico e que, todos os dias, precisam de coragem para encontrar seu caminho por meio da própria experiência. Esperamos que este livro possa ajudá-los a viver a vida que desejam para si mesmos.

Sumário

Agradecimentos, 9

Introdução, 11

Parte 1
O básico do cérebro ansioso, 21
    1. Ansiedade no cérebro, 23
    2. A raiz da ansiedade: entendendo a amígdala, 45
    3. Como o córtex gera ansiedade, 61
    4. Identificando a base de sua ansiedade: a amígdala, o córtex ou os dois?, 71

Parte 2
Assumindo o controle de sua ansiedade com base na amígdala, 87
    5. A resposta ao estresse e aos ataques de pânico, 89
    6. Colhendo os benefícios do relaxamento, 103
    7. Entendendo gatilhos, 119
    8. Ensinando sua amígdala por meio da experiência, 131
    9. Dicas de exercícios físicos e práticas de sono para acalmar a ansiedade com base na amígdala, 147

Parte 3
Assumindo o controle de sua ansiedade com base no córtex, 159
   10. Pensando em padrões que causam ansiedade, 161
   11. Como acalmar seu córtex, 183

Conclusão, 201

Referências, 207

Agradecimentos

Meu trabalho neste livro não teria sido possível sem a ajuda e o apoio de muitas pessoas em minha vida, e eu gostaria de agradecer a elas aqui.

Primeiro, é claro, minha coautora e parceira, Elizabeth (Lisa) Karle, que enriqueceu meus dias de formas incontáveis e me acompanhou em uma variedade de diligências que eu nunca conseguiria imaginar sem ela. Lisa me surpreende diariamente com sua coragem diante da própria ansiedade, sua paciência com tudo o que a vida exige dela e sua determinação de manter padrões elevados.

Minhas filhas, Arrianna e Melinda, que toleraram meses de meu trabalho no laptop, sem mencionar anos de discussões sobre a amígdala e o córtex. Espero que elas saibam o quanto eu as amo, apesar de muitas noites em que passei pesquisando e escrevendo.

Meus clientes ao longo dos últimos trinta anos, que tanto me ensinaram e que conquistaram meu respeito e admiração ao reeducarem seus cérebros, preparando a vida para que pudessem seguir seus sonhos. Eles não permitiram que a luta com a ansiedade ou dano cerebral os impedisse de se tornarem quem deviam ser.

William (Bill) Youngs, neuropsicólogo e grande amigo, que nos proporcionou um tesouro em conhecimento e estímulo durante nossos almoços semanais ao longo dos últimos 25 anos e que fez muitas observações e propôs soluções valiosas durante a criação deste livro.

Cathy Baumgartner, assistente administrativa e amiga, que fez com que o departamento de psicologia funcionasse bem enquanto eu estava na presidência e que possibilitou que eu passasse horas preciosas na biblioteca nos últimos meses. Sinto que sou muito sortuda por ter sua competência e senso de humor em minha vida.

Samantha Marley, aluna da pós-graduação em psicologia no Saint Mary's e monitora no departamento de psicologia, que ajudou não apenas corrigindo provas, mas também trabalhando nas muitas referências para este livro. Depois de sua tese de conclusão do curso, Sam passou a produzir referências perfeitamente formatadas com a maior rapidez!

Catherine

Ter uma disfunção mental de qualquer tipo é um desafio. Tal condição não apenas pode afetar nossa vida diária, como também alterar a trajetória dos planos de vida de uma pessoa. Frequentemente, as coisas não param por aí, pois os altos e baixos da ansiedade e outros transtornos têm impacto na família, nos amigos e também nos colegas de trabalho. Esperamos que este livro forneça insights e informações que ajudem nossos leitores e suas redes de apoio a enfrentarem esses desafios. Somos gratas pelos profissionais na New Harbinger Publications por nos dar a oportunidade de compartilhar nosso conhecimento e experiência com você.

Particularmente, gostaria de agradecer aos membros da minha própria rede de apoio por sempre estarem presentes: meus pais e irmãos, que me amam sem limites; Carol, que sempre me surpreende; irmão Sage, por seu humor diário e sabedoria; Janet e meus colegas no Saint Mary's College, por sua paciência e ajuda; Tonilynnn, que é mais compreensivo do que qualquer outra pessoa; Bill, o mestre do cérebro; meu bisavô Giuseppe Carpani, por estar no lugar certo no momento certo; e, é claro, Catherine, com quem compartilhei tanto sonhos significativos quanto aventuras loucas.

Por último, um agradecimento especial a minhas sobrinhas e sobrinhos, cuja alegria e afeto ilimitados tornam as imagens e os sons da vida mais recompensadores. "Ao infinito e além!"

Elizabeth

Introdução

OS CAMINHOS DA ANSIEDADE

Certo dia, você está indo de carro para o trabalho quando, de repente, se pergunta: *Será que eu desliguei o forno?* Você começa a traçar mentalmente seus passos desde cedo nessa manhã, mas ainda não consegue se lembrar de tê-lo desligado. Provavelmente desligou, mas e se não? A ansiedade começa a aumentar conforme a imagem do forno pegando fogo surge em sua mente. Nesse momento, a pessoa no carro à sua frente pisa no freio. Você aperta forte o volante e freia, parando bem a tempo. Todo o seu corpo é dominado por uma onda de energia, e seu coração está batendo forte, mas você está em segurança. Você respira fundo algumas vezes. Essa foi por pouco!

Tudo indica que a ansiedade está em tudo ao nosso redor. Se você refletir com cuidado sobre os acontecimentos na situação anterior, vai perceber que eles ilustram duas formas muito diferentes de experimentar a ansiedade: por meio do que pensamos e pelas reações ao nosso ambiente. Isso se dá porque a ansiedade pode se iniciar em duas áreas muito diferentes do cérebro humano: no córtex e na amígdala. Essa compreensão é resultado de anos de pesquisas em um campo de estudo conhecido como *neurociência*, que é a ciência das estruturas e funções do sistema nervoso, que inclui o cérebro.

O exemplo simples que citamos, envolvendo tanto o forno imaginado como o carro freando, ilustra o princípio que norteia este livro: dois caminhos separados no cérebro podem dar origem à ansiedade, e cada caminho precisa ser entendido e tratado para que o alívio máximo seja conquistado (Ochsner et al., 2009). Nesse exemplo, a ansiedade foi despertada no caminho do córtex por pensamentos e imagens dos riscos de deixar o forno ligado o dia inteiro. E informação de outro caminho produtor de ansiedade, viajando mais diretamente pela amígdala, garantiu uma reação rápida para evitar bater na traseira de outro carro.

Todo mundo é capaz de experimentar ansiedade por meio desses dois caminhos. Algumas pessoas podem achar que sua ansiedade surge com mais frequência por um caminho do que pelo outro. Como você vai aprender, é essencial reconhecer os dois caminhos e lidar com cada um deles da forma mais eficaz. O propósito deste livro é explicar as diferenças entre essas duas vias, demonstrar como a ansiedade é criada em cada uma delas e dar a você maneiras práticas de modificar circuitos para fazer com que a ansiedade não seja um fardo tão grande em sua vida. Nós vamos lhe mostrar como você pode realmente mudar os caminhos de seu cérebro de modo que eles fiquem menos propensos a gerar ansiedade.

ENTENDENDO A ANSIEDADE

A ansiedade é uma resposta emocional complexa semelhante ao medo. Os dois surgem de processos cerebrais parecidos e causam reações psicológicas e comportamentais; os dois têm origem em porções do cérebro destinadas a ajudar todos os animais a lidarem com o perigo. Medo e ansiedade, porém, são diferentes, pois *medo* é sempre associado com uma ameaça clara, presente e identificável, enquanto *ansiedade* ocorre na falta de risco imediato. Em outras palavras, sentimos medo quando estamos realmente com problemas — como quando um caminhão invade a faixa central e segue diretamente em nossa direção. Sentimos ansiedade quando temos uma sensação de temor ou desconforto, mas não estamos, no momento, em perigo.

Todo mundo experimenta medo e ansiedade. Diversos acontecimentos podem fazer com que sintamos medo, como quando uma tempestade forte abala nossa casa ou quando vemos um cachorro estranho vindo em nossa direção. A ansiedade surge, por exemplo, quando nos preocupamos com a segurança de uma pessoa amada que está longe de casa, quando ouvimos um barulho estranho no meio da noite ou quando tomamos consciência de tudo o que precisamos fazer antes de um prazo final no trabalho ou na escola. Muitas pessoas se sentem ansiosas com frequência, especialmente quando estão sob algum tipo de estresse. Os problemas, porém, começam quando a ansiedade interfere em aspectos importantes de nossas vidas. Nesse caso, precisamos conter nossa ansiedade e retomar o controle. Precisamos entender como lidar com ela para que deixe de ser um empecilho em nossas vidas.

A ansiedade pode limitar a vida das pessoas de formas surpreendentes e, muitas vezes, sua influência pode passar despercebida. Por exemplo, enquanto algumas pessoas são assoladas por preocupações que as assombram em todos os momentos em que estão acordadas, outras acham difícil pegar no sono. Algumas podem ter dificuldades para sair de casa, enquanto para outras o medo de falar em público pode ameaçar seus empregos. Uma jovem mãe pode ter de completar uma série de rituais por horas toda manhã antes de conseguir deixar o filho com a babá. Um adolescente pode ser assombrado por pesadelos e acabar suspenso da escola por brigar com os colegas, depois de ter a casa destruída por uma enchente. A ansiedade de um encanador em relação a dar de cara com aranhas grandes pode reduzir sua renda a um nível que ameace o sustento da própria família. Uma criança pode estar relutante em ir para a escola e não querer conversar com o professor, ameaçando a própria educação.

Embora a ansiedade tenha o poder de roubar a capacidade de completar muitas das atividades diárias de uma pessoa, todos esses indivíduos são capazes de voltar a se envolver completamente com a vida. Eles podem entender a causa de suas dificuldades e começar a reencontrar a confiança. Esse entendimento é possível graças a uma revolução recente no conhecimento sobre as estruturas do cérebro que geram ansiedade.

Nas últimas duas décadas, pesquisas sobre as raízes neurológicas da ansiedade foram realizadas em diversos laboratórios em todo o mundo (Diaz et al., 2013). Pesquisas com animais revelaram novos detalhes sobre as fundações neurológicas do medo. Estruturas no cérebro que detectam ameaças e iniciam respostas protetivas foram identificadas. Além disso, novas tecnologias, como imagens de ressonância magnética funcional ou tomografia por emissão de pósitrons, forneceram informações detalhadas sobre como o cérebro humano reage em diversas situações. Quando estudado, analisado e combinado, esse conhecimento emergente permite que neurocientistas façam conexões entre a pesquisa com animais e a pesquisa com humanos. Como resultado, eles agora são capazes de montar um quadro nítido das causas do medo e da ansiedade, fornecendo um entendimento que supera nossa compreensão de todas as outras emoções humanas.

Essa pesquisa revelou algo muito importante: dois caminhos bem distintos no cérebro podem resultar em ansiedade. Um caminho começa no *córtex cerebral*, a parte grande, cinzenta e retorcida do cérebro, e envolve nossas percepções e pensamentos sobre as situações. O outro viaja mais diretamente pelas *amígdalas*, duas estruturas pequenas e amendoadas, uma de cada lado do cérebro. A amígdala (o termo geralmente é usado no singular) dispara a antiga resposta de luta e fuga, que foi transmitida até nós pelos primeiros vertebrados na Terra.

Os dois caminhos têm um papel na ansiedade, embora alguns tipos de ansiedade estejam mais associados ao córtex, outros podem ser atribuídos diretamente à amígdala. Na psicoterapia para ansiedade, a atenção geralmente se focava no caminho do córtex, usando abordagens terapêuticas que envolvem a mudança de pensamentos e a discussão lógica contra a ansiedade. Entretanto, uma quantidade crescente de pesquisas sugere que o papel da amígdala também pode ser entendido como desenvolvedor de um quadro mais completo de como a ansiedade é criada e como pode ser controlada. Neste livro, vamos explorar os dois caminhos para dar a você uma visão completa da ansiedade e como dominá-la, qualquer que seja sua origem.

O CÓRTEX E A AMÍGDALA

Talvez você já esteja familiarizado com o córtex, a porção do cérebro que enche a área mais alta do crânio. É a parte pensante do cérebro, e alguns dizem que é a parte que nos torna humanos, porque nos permite raciocinar, criar linguagem e nos envolver com pensamentos complexos, como lógica e matemática. Espécies de animais que têm um córtex cerebral grande são frequentemente consideradas mais inteligentes do que outras.

Abordagens para o tratamento da ansiedade que miram o caminho do córtex são inúmeras e geralmente se concentram nas *cognições*, o termo psicológico para os processos mentais aos quais a maioria das pessoas se refere como "pensar". Pensamentos originários no córtex podem ser a causa da ansiedade ou podem ter o efeito de aumentar ou reduzir a ansiedade. Em muitos casos, mudar nossos pensamentos pode impedir que nosso processo cognitivo inicie a ansiedade ou contribua para ela.

Até recentemente, tratamentos para a ansiedade eram menos propensos a levar a via da amígdala em consideração. A amígdala é pequena, mas é composta de milhares de circuitos de células dedicados a diferentes propósitos. Esses circuitos influenciam o amor, as relações, o comportamento sexual, a raiva, a agressão e o medo. O papel da amígdala é acrescentar significado emocional a situações ou objetos e formar *memórias emocionais*. Essas emoções e lembranças emocionais podem ser positivas ou negativas. Neste livro, vamos nos concentrar na forma como a amígdala anexa ansiedade a experiências e cria memórias que produzem ansiedade. Isso vai ajudar você a entender a amígdala para aprender a mudar a estrutura de seus circuitos e minimizar a ansiedade.

Nós, humanos, não temos conhecimento consciente da forma como a amígdala acrescenta ansiedade a situações ou objetos, assim como não temos consciência do fígado auxiliando na digestão. Porém, o processo emocional da amígdala tem efeitos profundos sobre nosso comportamento. Como vamos discutir ao longo do livro, a amígdala está no âmago de onde nossa resposta à ansiedade é produzida. Embora o córtex possa dar início à ansiedade ou contribuir para ela, é preciso que a amígdala dispare a resposta da ansiedade. Por isso, uma abordagem abrangente da ansiedade exige lidar tanto com o caminho do córtex quanto o caminho da amígdala.

Os capítulos da parte um deste livro, "O básico do cérebro ansioso", são dedicados a elucidar os caminhos do córtex e da amígdala. Vamos explicar as formas diferentes como as duas vias funcionam, tanto separadamente como em conjunto. Depois que você tiver uma boa base sobre como cada caminho gera ou aumenta a ansiedade, vamos lhe ensinar estratégias específicas para combater, interromper ou inibir sua ansiedade com base no que você aprendeu sobre os circuitos de seu cérebro. Na parte dois, vamos descrever estratégias que você pode usar para mudar o caminho da amígdala, e na parte três, estratégias para mudar o caminho do córtex. Depois, na conclusão, "Juntando tudo", vamos ajudar você a mergulhar em tudo o que você aprendeu sobre mudar seu cérebro para viver uma vida mais resistente à ansiedade.

A PROMESSA DA NEUROPLASTICIDADE

Nas últimas duas décadas, pesquisas revelaram que o cérebro tem um nível surpreendente de *neuroplasticidade*, o que significa a capacidade de mudar suas estruturas e reorganizar seus padrões de reação. Mesmo partes do cérebro que se acreditava serem impossíveis de mudar em adultos são capazes de ser modificadas, revelando que o cérebro, na verdade, tem uma capacidade incrível de mudar (Pascual-Leone et al., 2005). Por exemplo, pessoas que sofreram um AVC podem aprender a usar partes diferentes do cérebro para movimentar os braços (Taub et al., 2006). Sob determinadas circunstâncias, circuitos no cérebro que são usados para a visão podem desenvolver a capacidade de responder a sons em apenas alguns dias (Pascual-Leone e Hamilton, 2001).

Novas conexões no cérebro frequentemente se desenvolvem de maneiras surpreendentemente simples: demonstrou-se que exercícios promovem um grande crescimento de células encefálicas (Cotman e Bechtold, 2002). Em algumas pesquisas, descobriu-se que só *pensar* em fazer algumas ações, como arremessar uma bola ou tocar uma música ao piano, pode provocar mudanças na área do cérebro que controla esses movimentos (Pascual-Leone et al., 2005). Além disso, certos medicamentos promovem crescimento e mudanças nos circuitos do cérebro (Drew e Hen, 2007), especialmente quando combinados com psicoterapia. Demonstrou-se, também, que apenas psicoterapia produz mudanças (Linden, 2006), reduzindo a ativação de uma área e aumentando a de outras.

Nitidamente, o cérebro não é fixo e imutável como tantas pessoas, entre elas cientistas, supunham. Os circuitos de seu cérebro não são determinados totalmente pela genética; eles também são modelados por suas experiências e a forma como você pensa e se comporta. É possível remodelar o cérebro, treinando-o a responder de forma diferente aos estímulos, não importa a sua idade. Há limites, mas também há um nível surpreendente de flexibilidade e potencial para mudança em seu cérebro, incluindo mudar sua tendência a criar níveis problemáticos de ansiedade.

Vamos ajudar você a usar a neuroplasticidade, junto com uma compreensão de como funcionam os caminhos do córtex e da amígdala, para fazer mudanças duradouras em seu cérebro. Você pode usar essa informação para transformar os circuitos, para que eles resistam à ansiedade em vez de criá-la.

NÃO FAÇA ISSO SOZINHO

Recomendamos muito que você procure ajuda profissional, especificamente terapia cognitivo-comportamental enquanto trabalha nas estratégias apresentadas neste livro. Terapeutas cognitivo-comportamentais são treinados na identificação de pensamentos que produzem ansiedade e outras técnicas deste livro, inclusive a terapia de exposição. Terapeutas em muitas disciplinas têm treinamento em terapia cognitivo-comportamental, incluindo, por exemplo, assistentes sociais. Ao escolher um terapeuta, é importante saber se esse profissional conhece métodos de tratamento cognitivo-comportamental, especialmente exposição e reestruturação cognitiva.

Se você toma medicamentos ansiolíticos, é importante usá-los com sabedoria para apoiar o processo de modificar sua ansiedade. Se um médico da família lhe receitar esses medicamentos, sugerimos muito que você se consulte com um psiquiatra, que tem mais experiência com ansiolíticos e sabe bem como esses remédios afetam o cérebro. Além disso, psiquiatras têm mais chances de estarem familiarizados com exposição e terapia cognitivo-comportamental em geral.

Dito isso, psiquiatras não têm necessariamente treinamento nas várias estratégias com base na amígdala e com base no córtex para reduzir a ansiedade que apresentamos neste livro. Muitas pessoas em busca de tratamento para a ansiedade esperam que um psiquiatra faça terapia e se surpreendem quando o profissional, em vez disso, se concentra no uso de medicamentos. Lembre-se: psiquiatras não são terapeutas, mas médicos treinados para tratar disfunções mentais, basicamente por meio de fármacos.

Se você falar com um psiquiatra sobre medicamentos, assegure-se de que vocês dois compreendam a distinção entre remédios que proporcionam alívio da ansiedade em curto prazo e aqueles que podem ajudar você ao modificar as respostas de seu cérebro à ansiedade, de forma mais duradoura. Além disso, explique os métodos que está adotando para combater a ansiedade para que os medicamentos o ajudem no processo. E, é claro, informe seu psiquiatra sobre qualquer efeito colateral que surja. Boa comunicação entre você, seu psiquiatra e seu terapeuta, se você tiver um, pode ajudar muito no processo de reestruturação de seu cérebro ansioso. Todos os três podem fazer contribuições importantes na avaliação de como um determinado remédio está funcionando e afetando o processo de tratamento.

ENTENDENDO COMO A ANSIEDADE LIMITA VOCÊ EM SUA VIDA

Na melhor das hipóteses, a ansiedade pode nos ajudar a manter nosso cérebro alerta e focado. Ela pode fazer nosso coração bater forte e nos dar a adrenalina extra de que precisamos para, por exemplo, ganhar uma corrida. Entretanto, no pior cenário ela pode criar o caos em nossas vidas e nos deixar ao ponto de inação.

Se você sofre de ansiedade, especialmente um transtorno de ansiedade, sabe como isso pode ser incapacitante. Porém, se livrar de toda a ansiedade não é um objetivo realista; e não só é impossível, mas desnecessário. Para algumas pessoas, o medo de voar limita severamente a carreira, mas outras podem evitar viagens aéreas por toda a vida com poucas consequências. Se você concentra sua atenção nas reações de ansiedade que interferem frequente ou severamente em sua capacidade de seguir a rotina do jeito que deseja, vai estar no caminho certo.

Tire algum tempo agora mesmo para pensar em exemplos de como a ansiedade ou o hábito de evitá-la interferem em sua vida. Escreva-os se isso ajudar. Pense em objetivos em potencial que você tem dificuldade de atingir por conta da ansiedade. E como a ansiedade pode estender seu alcance para influenciar decisões futuras, assegure-se de olhar além de sua vida diária. A ansiedade está impedindo que você faça coisas como viajar, trocar de emprego ou enfrentar um problema?

Claro, você não pode abordar todas essas situações de uma só vez. Várias considerações ajudam a escolher em que situações se concentrar e em qual se focar primeiro. Você pode começar com as situações com as quais lida mais frequentemente, ou pode querer começar com as situações que resultem nos níveis mais altos de ansiedade. De qualquer forma, é essencial se concentrar em situações nas quais reduzir a ansiedade vai fazer uma verdadeira diferença em sua vida.

EXERCÍCIO: IDENTIFICANDO SEUS OBJETIVOS DE VIDA

O objetivo central deste livro é dar a você o poder de viver sua vida do jeito que quiser para poder consumar suas próprias aspirações. Portanto, ao decidir que respostas de ansiedade você quer modificar, pense cuidadosamente em seus objetivos pessoais. Que objetivos de curto e longo prazo você tem para si mesmo? Para ajudar a esclarecer isso, complete as seguintes frases. Para cada frase, tente imaginar o que você gostaria de fazer se a ansiedade não fosse um fator limitador.

No futuro, eu gostaria de me ver...
Em um ano, eu gostaria de...
Em oito semanas, eu gostaria de...
Se eu não estivesse tão preocupado com_____, eu iria...

Tendo em mente as respostas de ansiedade que têm mais impacto em sua vida, você agora está pronto para mudar essas respostas. Assim, no capítulo um, vamos começar dando uma olhada nos dois caminhos no cérebro que geram ansiedade. Aprender como os circuitos nesses caminhos funcionam e como você pode potencialmente desviar, interromper ou mudar esses circuitos é o primeiro passo para mudar sua vida.

Parte I
O básico do cérebro ansioso

Capítulo 1
Ansiedade no cérebro

Queremos começar este capítulo com uma promessa de que tudo o que contarmos para você sobre o cérebro neste livro é informação útil e prática que vai iluminar as causas da ansiedade e ajudar você a entender como mudar seu cérebro para reduzir sua experiência de ansiedade. Não vamos apresentar descrições técnicas detalhadas de todos os processos neurológicos envolvidos; em vez disso, vamos oferecer uma explicação simplificada, básica da ansiedade no cérebro que pode ajudar você a entender por que certas estratégias vão ajudá-lo a controlar a ansiedade.

REVISITANDO OS DOIS CAMINHOS DA ANSIEDADE

Se você não sabe o que causa sua ansiedade, está em desvantagem quando tenta mudar isso. A ansiedade é criada pelo cérebro e não ocorreria sem as contribuições de áreas específicas dele. Embora o cérebro seja um sistema extremamente complexo e interconectado, grande parte do qual permanece um mistério, podemos identificar duas fontes de ansiedade nele. Também há técnicas que você pode usar para atingir essas fontes específicas de ansiedade que vão ajudar você a ser mais eficaz na gestão ou na prevenção da ansiedade que sente.

Como mencionado na introdução, as principais fontes de ansiedade no cérebro são dois caminhos neurais que podem dar início a uma resposta de ansiedade. O caminho do córtex é aquele em que as pessoas mais pensam quando refletem sobre as causas da ansiedade. Você vai aprender muito mais sobre o córtex cerebral humano na próxima seção. Por enquanto, vamos apenas dizer que o córtex é o caminho das sensações, pensamentos, lógica, imaginação, intuição, memória consciente e planejamento. O tratamento de ansiedade em geral tem como alvo esse caminho, provavelmente porque é um caminho mais consciente, o que significa que tendemos a ter mais consciência do que está acontecendo nesse caminho e ter mais acesso àquilo que o cérebro está lembrando nesse caminho e àquilo em que ele está se concentrando. Se você perceber que seus pensamentos sempre se transformam em ideias e imagens que aumentam sua ansiedade, ou que o deixam obcecado por dúvidas, o tornam atormentado por preocupações ou o deixam preso ao tentar pensar em soluções para problemas, provavelmente está experimentando ansiedade com base no córtex.

A via da amígdala, por outro lado, pode criar os poderosos efeitos físicos que a ansiedade produz no corpo. As inúmeras conexões da amígdala com outras partes do cérebro permitem que ele mobilize diversas reações corporais muito rapidamente. Em menos de um décimo de segundo, a amígdala pode providenciar uma dose de adrenalina, aumentar a pressão sanguínea e os batimentos cardíacos, criar tensão muscular e mais. O caminho da amígdala não produz pensamentos dos quais você tem consciência e opera mais rápido do que o córtex. Portanto, ele cria muitos aspectos de uma resposta de ansiedade sem seu conhecimento ou controle consciente. Se você sente que sua ansiedade não tem causa aparente e não tem sentido lógico, normalmente está experimentando efeitos da ansiedade gerados pelo caminho da amígdala. A consciência da amígdala provavelmente vai estar baseada em sua experiência dos efeitos dela em você — principalmente mudanças corporais, nervosismo, desejo de evitar determinadas situações ou ter impulsos agressivos.

Terapeutas normalmente não discutem a amígdala quando tratam transtornos de ansiedade, o que é surpreendente, considerando que a maioria das experiências de medo, ansiedade ou pânico se deve ao envolvimento da amígdala. Mesmo quando o córtex é a fonte de pensamentos ansiosos, é a amígdala que faz com que ocorram as sensações físicas da ansiedade: coração acelerado, transpiração, tensão muscular e assim por diante. Entretanto, quando médicos de família e psiquiatras receitam medicamentos para reduzir a ansiedade, eles frequentemente estão focados na amígdala, embora possam não a mencionar pelo nome. Esses remédios, como o alprazolam, o lorazepam e o clonazepam, frequentemente têm o efeito de sedar a amígdala.

Tais medicamentos tranquilizantes são muito eficientes em reduzir rapidamente a ansiedade. Infelizmente, eles nada fazem para alterar a via da amígdala. Então, enquanto reduzem a resposta de ansiedade, eles não ajudam a mudar a amígdala de formas benéficas em longo prazo. (Se você está tomando medicamentos ansiolíticos ou quer saber como remédios específicos afetam o processo do tratamento da ansiedade, por favor, leia o capítulo bônus, "Medicamentos e seu cérebro ansioso", que está disponível para download no site da Ediouro. Veja no fim do livro o QR Code para acessá-lo.)

A amígdala tem muitas funções que não estão relacionadas com a ansiedade, e não vamos nos aprofundar nisso aqui. Para entender o papel da amígdala na ansiedade, é importante saber que conforme você vai vivendo seu dia ela percebe sons, imagens e acontecimentos mesmo que você não esteja conscientemente focado neles. A amígdala está alerta para qualquer coisa que possa indicar um dano em potencial. Se ela detecta um possível perigo, dispara uma resposta ao mesmo, um alarme no corpo que nos protege e prepara para lutar ou fugir.

Pense nisso da seguinte maneira: nossos ancestrais eram pessoas assustadas. Os primeiros humanos cuja amígdala reagiu a perigos em potencial e produziu uma forte resposta de medo eram mais propensos a se comportar de maneira cautelosa e a proteger seus filhos, o que significa que tinham mais chances de sobreviver e transmitir seus genes (inclusive os genes da amígdala assustada) para gerações futuras. Por outro lado, os primeiros humanos que eram calmos demais para se preocupar, digamos, se havia um leão por perto ou se um rio parecia capaz de inundar suas moradias eram menos propensos a sobreviver e transmitir seus genes. Através da seleção natural, os humanos de hoje em dia são descendentes de pessoas cujas amígdalas produziam respostas de medo muito eficazes.

Ter uma amígdala protetora que produz medo é quase universal entre os humanos. Não é surpresa, portanto, que transtornos de ansiedade sejam os mais experimentados pelas pessoas, afetando aproximadamente quarenta milhões de adultos nos Estados Unidos (Kessler et al., 2005). Considerando que os perigos diários em nossa vida foram tremendamente reduzidos desde os tempos pré-históricos, você pode se perguntar por que tantas pessoas estão experimentando problemas ligados a ansiedade. Infelizmente, a amígdala ainda está operando com base nas lições que aprendeu em tempos antigos. Ela ainda considera que somos presas em potencial de outros animais ou humanos e supõe que a melhor resposta ao perigo é correr, lutar ou congelar, preparando o corpo para iniciar essas respostas, sejam elas apropriadas ou não. Mas essas respostas de medo não se encaixam nas situações do século XXI nas quais a maioria de nós vive, e elas não nos ajudam como já ajudaram. Por exemplo, pessoas parecem predispostas a temer cobras, aranhas e lugares altos mais do que carros, armas e tomadas elétricas, embora os últimos possam ser mais mortais que os primeiros. Além disso, também parece que o cérebro de algumas pessoas é mais suscetível a essa resposta de medo, seja devido à genética ou a ter vivido experiências traumáticas.

A ANATOMIA DA ANSIEDADE

A neurociência envolve o estudo do desenvolvimento, da estrutura e da função do sistema nervoso, inclusive o cérebro. Para explicar a neurociência da ansiedade, precisamos fornecer uma descrição concisa da anatomia do cérebro, especialmente do córtex e da amígdala. Conhecer como essas regiões importantes do cérebro funcionam e as formas como elas interagem entre si vai ajudar você a entender o que acontece quando o córtex ou a amígdala reagem excessivamente, resultando em ansiedade. Esse conhecimento básico de neurociência vai lhe proporcionar uma compreensão de como você pode reestruturar seu cérebro para resistir à ansiedade.

O caminho do córtex

Vamos começar com a via do córtex porque, quando as pessoas falam sobre o cérebro, elas normalmente visualizam a massa externa e enrugada conhecida como córtex cerebral. O córtex é a fonte de muitas das habilidades mais impressionantes da raça humana. Mas, como vamos explicar, essas habilidades também resultam na capacidade do córtex de criar uma grande dose de ansiedade.

O córtex cerebral

Em humanos, o córtex é maior e tem mais habilidades desenvolvidas do que em outros animais. Divide-se em duas metades: o hemisfério esquerdo e o hemisfério direito. Além disso, apresenta várias divisões chamadas de lobos, que têm funções diferentes, como processar a visão, audição e outras informações sensoriais e juntar isso para permitir que você compreenda o mundo. O córtex é a parte perceptiva e pensante do cérebro — a parte que você está usando para ler e entender este livro.

Além de fornecer imagens, sons e outras percepções, o córtex agrega significado e lembranças a essas percepções. Então você não vê simplesmente um homem idoso e escuta sua voz; em vez disso, você o identifica como seu avô e entende o significado específico dos sons que ele está produzindo. E além de lhe fornecer a capacidade de entender e interpretar situações, o córtex permite que você use lógica e raciocínio, produza linguagem, use sua imaginação e planeje maneiras de responder às situações.

O córtex também pode contribuir para mudar suas respostas a situações ameaçadoras, o que é chave ao se lidar com a ansiedade. O córtex é capaz de avaliar a utilidade de várias respostas ao perigo que você enfrenta. Graças à influência de seu córtex, você pode decidir não lutar fisicamente com seu chefe caso sinta medo de ser demitido, ou escolher não sair correndo quando ouve o som de fogos de artifício. Na verdade, ao ler este livro, você está fazendo exatamente a mesma coisa: usando ativamente seu córtex para encontrar maneiras diferentes de lidar com a ansiedade.

O caminho do córtex para a ansiedade começa com seus órgãos sensoriais. Seus olhos, nariz, papilas gustativas e até sua pele são fontes de informação sobre o mundo. Boa parte de seu conhecimento sobre a realidade foi adquirida por meio dos seus órgãos sensoriais e foi interpretada por partes diferentes de seu córtex. Quando a informação chega de seus órgãos sensoriais, ela é dirigida para o *tálamo*, que é como uma grande estação central do cérebro (ver figura 1). O tálamo é uma central de retransmissão que envia sinais de seus olhos, ouvidos e assim por diante para o córtex. Quando a informação chega ao tálamo, ela é enviada aos vários lobos para ser processada e interpretada. Então a informação viaja para outras partes do cérebro, incluindo os lobos frontais (atrás da testa), nos quais a informação é reunida para que você possa perceber e entender o mundo.

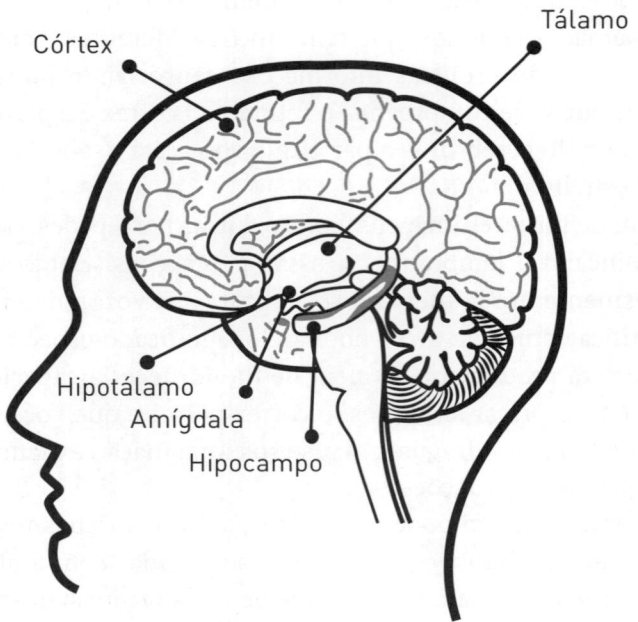

Figura 1: O cérebro humano

Os lobos frontais

Os *lobos frontais* são uma das partes do córtex mais essenciais de se entender. Localizados diretamente atrás da testa e dos olhos, eles são o maior grupo de lobos no cérebro humano e, proporcionalmente, são muito maiores que os seus correspondentes na maioria dos outros animais. Os lobos frontais recebem informação de todos os outros lobos e a reúnem para nos permitir reagir a uma experiência integrada do mundo. Diz-se que os lobos frontais têm *funções executivas*, o que significa que eles estão localizados onde ocorre a supervisão de muitos processos cerebrais. Os lobos frontais nos ajudam a antecipar os resultados de situações, planejar nossas ações, iniciar respostas e usar o feedback do mundo para deter ou mudar nossos comportamentos. Infelizmente essas capacidades impressionantes também estabelecem as bases para o desenvolvimento da ansiedade.

A via do córtex frequentemente é fonte de ansiedade porque os lobos frontais antecipam e interpretam situações, e antecipação e interpretações frequentemente levam à ansiedade. Por exemplo, a antecipação pode levar a outro processo comum com base no córtex que gera ansiedade: preocupação. Devido a lobos frontais altamente desenvolvidos, os humanos têm a habilidade de prever eventos futuros e imaginar suas consequências — diferente de nossos animais de estimação, que parecem dormir pacificamente sem antecipar os problemas do dia seguinte. A preocupação é uma consequência da antecipação de resultados negativos em uma situação. É um processo com base no córtex que cria pensamentos e imagens que provocam grande dose de medo e ansiedade.

Algumas pessoas têm um córtex que acaba se especializando em preocupação, imaginando uma dúzia de resultados negativos em qualquer situação. Na verdade, algumas das pessoas mais criativas, muitas vezes também são as mais ansiosas porque sua criatividade lhes dá a habilidade de alimentar pensamentos e imagens extremamente assustadores.

Uma preocupação imaginada comum entre pais de adolescentes que chegam em casa depois do horário estipulado (e que adolescente não faz isso?) é imaginar seus filhos feridos em um acidente, sangrando e incapazes de gritar por socorro. A imagem é aterrorizante — e é completamente desnecessário visualizá-la — mas algumas pessoas acabam antecipando esse tipo de acontecimento negativo repetidas vezes. Se seu padrão de preocupação é sério o suficiente para interferir com sua vida diária, você pode ser diagnosticado com o transtorno de ansiedade generalizada.

Outro tipo de transtorno de ansiedade, o transtorno obsessivo-compulsivo, pode ocorrer quando os lobos frontais criam *pensamentos obsessivos* — cognições ou dúvida que não desaparecem, a ponto de as pessoas passarem horas diariamente focadas nelas. Muitas vezes, obsessões podem levar uma pessoa a criar rituais elaborados que precisam ser cumpridos para reduzir a ansiedade. Pense em Jennifer, que pensava obsessivamente sobre todos os germes em sua casa e passava horas lavando as mãos e limpando certas áreas da residência. Depois, quando ela terminava, começava tudo de novo, porque tinha dúvidas que a levavam a achar que podia ter tocado em algo e que havia contaminado tudo o que limpara. Esse tipo de pensamento obsessivo pode ter origem em uma disfunção no *córtex cingulado anterior*, uma área nos lobos frontais que fica atrás dos olhos (Zurowski et al. 2012).

Em resumo, quando falamos do caminho do córtex para a ansiedade, geralmente estamos concentrados em interpretações, imagens e preocupações que o córtex cria, ou em pensamentos antecipatórios que geram ansiedade quando não há perigo presente. Como mencionado, quando terapeutas auxiliam pessoas a modificar seus pensamentos para reduzir a preocupação, eles estão focados no caminho do córtex. Essas abordagens cognitivas podem ser muito eficazes na redução da ansiedade originária no córtex. Entretanto, como você agora sabe, outra via neural também está envolvida na geração de ansiedade, mesmo quando a ansiedade começa no córtex.

O caminho da amígdala

A segunda via envolve a amígdala. Embora a via do córtex para ansiedade possa ser mais familiar ou compreensível porque frequentemente estamos conscientes dos pensamentos que ela produz, a amígdala inicia a experiência física da ansiedade. Sua localização e conexões estratégicas por todo o cérebro permitem que ela controle a liberação de hormônios e ative áreas do cérebro que criam os sintomas físicos da ansiedade. Assim, a amígdala exerce efeitos poderosos e imediatos no corpo, e é essencial entendê-los.

A amígdala

A amígdala está localizada perto do centro do cérebro (ver figura 1). Como dito anteriormente, o cérebro na verdade tem duas amígdalas, uma no hemisfério esquerdo e uma no direito, mas costuma-se referir a amígdala no singular, então vamos continuar com essa prática. A posição de sua amígdala direita pode ser estimada apontando o indicador esquerdo no olho direito e o indicador direito no canal auditivo direito. O ponto de interseção das linhas de seus dois dedos é aproximadamente onde está localizada a amígdala direita. Como a amígdala é uma estrutura de forma amendoada, ela recebeu esse nome incomum da palavra grega para amêndoa.

A amígdala é a fonte de muitas de nossas reações emocionais, tanto positivas como negativas. Quando alguém viola seu espaço pessoal ou o critica veementemente, é a amígdala que produz a raiva que você sente. Por outro lado, quando você se encontra com alguém que se parece com sua avó e experimenta um sentimento cálido de afeto por essa senhora que nem conhece, isso também é causado pela amígdala, nesse caso acessando uma lembrança emocional agradável. A amígdala tanto forma como recorda lembranças emocionais; e se você entende isso, suas reações emocionais provavelmente vão fazer muito mais sentido para você.

O núcleo lateral

A amígdala é dividida em várias partes, mas vamos nos concentrar principalmente em duas que têm papéis essenciais na criação de respostas emocionais, inclusive o medo e a ansiedade. O *núcleo lateral* é a parte da amígdala que recebe as mensagens dos sentidos. Ele examina constantemente suas experiências e está pronto para reagir a qualquer indicação de perigo. Como um sistema de alarme embutido, seu trabalho é identificar qualquer ameaça que você veja, ouça, cheire ou sinta e então enviar um sinal de perigo. Ela obtém informação direto do tálamo. Na verdade, recebe informação *antes* do córtex, e é importante ter isso em mente.

A razão pela qual o núcleo lateral recebe informação tão rápido é o fato de que o caminho da amígdala é a rota mais direta que vem de nossos sentidos. A amígdala está programada para responder rápido o bastante para salvar sua vida. Sua resposta rápida é possível devido a um atalho nos circuitos do cérebro que permite que a informação chegue ao núcleo lateral da amígdala diretamente (Armony et al., 1995). Quando nossos olhos, ouvidos, nariz e receptores táteis recebem informação, ela viaja desde esses órgãos sensoriais até o tálamo, e o tálamo envia essa informação diretamente para a amígdala. Ao mesmo tempo, o tálamo também envia a informação para as áreas apropriadas do córtex, para que um processamento de nível mais complexo seja realizado. Entretanto, a amígdala recebe informação antes que ela possa ser *processada* pelos vários lobos do córtex. Isso significa que o núcleo lateral da amígdala pode reagir para protegê-lo do perigo antes mesmo que seu córtex saiba qual é o perigo. Veja a figura 2 para uma ilustração simplificada dos caminhos que permitem que a amígdala reaja antes do córtex.

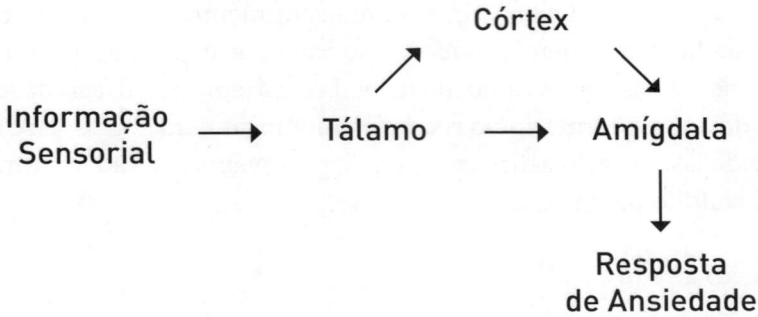

Figura 2: As duas vias neurais para a ansiedade

Você pode ver as duas vias para a ansiedade nessa ilustração. A informação vai direto do tálamo para a amígdala, permitindo que ela reaja antes que você tenha tempo de usar seu córtex para pensar. Isso pode parecer estranho, mas se você levar suas próprias experiências em consideração, provavelmente vai lembrar de algumas vezes em que experimentou esse fenômeno. Você já esteve em uma situação em que agiu instintivamente antes de ter tempo para saber ao que estava reagindo?

Pense em Melinda, uma menina de dez anos que estava procurando equipamento de camping no porão de sua casa. Ela entrou por uma porta e deu um pulo para trás de medo. Sua reação foi disparada por um casaco pendurado em um cabideiro. Sua amígdala reagiu à forma do casaco, que podia ser uma pessoa estranha, e fez com que ela saltasse para fora do alcance do "intruso" antes mesmo que sua mente tivesse se dado conta do que tinha visto. A amígdala é uma medida de segurança com base na evolução, e está preparada para agir antes do córtex.

O córtex, com foco nos detalhes, leva mais tempo para processar a mensagem que recebe do tálamo. No caso de Melinda, a informação visual precisa ser enviada para o lobo occipital na parte de trás da cabeça, e de lá é enviada para os lobos frontais, nos quais a informação é integrada e surgem escolhas informadas. Por isso, Melinda pulou imediatamente para trás, mas se recuperou em um momento e voltou a procurar o equipamento de camping: levou um momento para seu córtex fornecer a informação de que a forma escura era um casaco completamente inofensivo. (Você vai encontrar uma explicação passo a passo, inclusive uma figura para baixar, que ilustra os dois caminhos em funcionamento no comportamento de Melinda em no site da Ediouro; veja no fim do livro o QR Code para acessá-la.)

O núcleo central

A amígdala pode fornecer sua resposta rápida devido às propriedades especiais de outro núcleo em seu interior: o *núcleo central*. Esse conjunto pequeno, mas poderoso, de neurônios tem conexões com inúmeras estruturas altamente influentes no cérebro, incluindo o hipotálamo e o tronco encefálico. Esse circuito pode sinalizar para que o sistema nervoso simpático ative a liberação de hormônios na corrente sanguínea, aumente a respiração e ative músculos — tudo em pouquíssimo tempo.

A conexão próxima do núcleo central com os elementos do *sistema nervoso simpático* (SNS) proporciona à amígdala uma grande influência sobre o corpo. O SNS é composto por neurônios na medula espinhal que se conectam com quase todos os sistemas de órgãos no corpo, o que permite que o SNS influencie dezenas de respostas, da dilatação das pupilas ao ritmo cardíaco. O papel do SNS é criar a resposta chamada de "luta ou fuga", um efeito contrabalançado pelas influências do *sistema nervoso parassimpático* (SNP), que nos permite "descansar e digerir".

Durante situações que provocam medo, o núcleo lateral envia mensagens para o núcleo central ativar o SNS. Ao mesmo tempo, o núcleo central também ativa o *hipotálamo* (veja a figura 1 para a localização do hipotálamo). O hipotálamo controla a liberação de cortisol e adrenalina, hormônios que preparam o corpo para ação imediata. Esses hormônios são liberados pelas glândulas adrenais, localizadas acima dos rins. O *cortisol* aumenta os níveis de açúcar no sangue, dando a você a energia necessária para usar seus músculos. A *adrenalina* (também chamada de epinefrina) dá a você uma sensação energizada que apura os sentidos, aumenta o ritmo cardíaco e a frequência respiratória, e pode até impedir que você sinta dor. Todas essas respostas vêm do caminho da amígdala.

Claramente, a amígdala tem enorme poder quando se trata de iniciar reações físicas muito rapidamente. Em parte, isso se dá porque a amígdala fica localizada em uma área estratégica do cérebro, com acesso imediato à informação dos sentidos e uma posição vantajosa para influenciar partes do cérebro que podem mudar funções corporais essenciais muito rapidamente. Saber como a amígdala funciona é uma peça crucial do quebra-cabeça da ansiedade.

UMA QUESTÃO DE TEMPO

Como você pode ver, uma distinção clara entre a amígdala e o córtex é que eles trabalham com tempos diferentes. A amígdala pode fazer com que você aja a partir de uma informação antes que o córtex possa processá-la, orquestrando uma resposta corporal antes mesmo que a mensagem seja organizada e percebida conscientemente. Mesmo que isso seja benéfico em algumas situações, o fato de termos pouco controle sobre as respostas rápidas da amígdala significa que *experimentamos* nossas respostas ao medo e à ansiedade em vez de controlá-las conscientemente.

A reação rápida resultante do caminho da amígdala normalmente é chamada de *resposta de luta ou fuga*. Você provavelmente está familiarizado com esse fenômeno, que prepara o corpo para reagir rapidamente a uma situação perigosa. A maioria de nós experimentou essa resposta e pode se lembrar de momentos em que sentimos uma onda de adrenalina e reagimos de uma forma impensada e imediata para nos protegermos de uma ameaça. Quantas pessoas foram salvas nas estradas por reações instintivas com a rapidez de um raio provenientes da amígdala? O núcleo central da amígdala é onde se inicia a resposta de luta e fuga.

Ter consciência dessas respostas rápidas iniciadas pela amígdala pode ajudar você a entender e a lidar com a experiência física da ansiedade, inclusive a reação à ansiedade mais extrema: um ataque de pânico. Pessoas que têm síndrome do pânico e sofrem de ataques de pânico acham útil reconhecer que muitos aspectos de um ataque estão relacionados com a ativação da resposta de luta e fuga pela amígdala. Taquicardia, tremores, problemas estomacais e hiperventilação estão todos relacionados com as tentativas da amígdala de preparar o corpo para agir. Esses sintomas frequentemente fazem com que as pessoas achem que estão sofrendo um AVC ou tendo um ataque cardíaco ou que estão "enlouquecendo". Quando as pessoas entendem que as raízes de um ataque de pânico estão frequentemente nas tentativas da amígdala de preparar o corpo para reagir a uma emergência, ficam menos propensas a se aborrecer com essas preocupações (Wilson, 2009).

As reações de luta e fuga são as respostas mais familiares ao medo, mas a amígdala também pode produzir outra resposta menos reconhecida: congelar ou ficar paralisado. Na verdade, preferimos o termo *luta, fuga ou congelamento* porque muitas pessoas dizem se sentirem paralisadas quando estão sob estresse extremo. Por mais estranho que pareça, para nossos ancestrais a reação de congelar pode ter sido tão útil quanto lutar ou fugir em certas situações. Como um coelho que permanece imóvel quando você passa por perto com seu cachorro, aqueles que congelam às vezes acham vantagem permanecer imóveis quando ameaçados.

Quando você está experimentando a resposta de luta, fuga ou congelamento, a amígdala está ao volante, e você é o passageiro. Por isso, em situações de emergência, você frequentemente sente como se estivesse observando sua reação em vez de controlar conscientemente uma resposta. E existe um motivo para não nos sentirmos no controle nesses momentos, ou exercendo algum domínio sobre nossa ansiedade: a amígdala não é apenas mais rápida, ela também tem a capacidade neurológica de substituir outros processos cerebrais (LeDoux 1996). Há muitas conexões da amígdala com o córtex, permitindo que a amígdala influencie fortemente a resposta do córtex em diversos níveis, enquanto menos conexões viajam do córtex para a amígdala (Le Doux e Schiller 2009). Portanto, é literalmente verdade que você não consegue pensar quando a amígdala assume o controle. Os processos de pensamento no córtex são suplantados, e você está sob a influência da amígdala.

Embora você possa questionar a utilidade desse arranjo, em algumas situações ele é crucial. Seria sábio que seu cérebro esperasse que o córtex analisasse a marca, modelo e cor de um carro atravessando a faixa central na sua direção e você levar em conta detalhes como a expressão facial do motorista antes de reagir? Nitidamente, a habilidade da amígdala para suplantar o córtex pode literalmente salvar sua vida. Na verdade, ela provavelmente já fez isso algumas vezes.

Ter consciência da capacidade da amígdala de assumir o controle é crucial para qualquer um que esteja lutando com a ansiedade. É um lembrete de que o cérebro é estruturado de modo a permitir que a amígdala assuma o controle em momentos de perigo. E devido a essa estrutura, é difícil usar processos de pensamento com base na razão que surgem nos níveis mais altos do córtex para controlar a ansiedade com base na amígdala. Você pode já ter reconhecido que sua ansiedade frequentemente não faz sentido para seu córtex, e que seu córtex não pode simplesmente se livrar dela por meio do raciocínio.

Além disso, a amígdala também pode influenciar o córtex causando a liberação de substâncias químicas que influenciam o cérebro como um todo, incluindo o córtex (LeDoux e Schiller 2009). Essas substâncias químicas podem, de fato, mudar sua forma de pensar. Portanto, estratégias para lidar com a ansiedade com base na amígdala são essenciais, embora abordagens com foco no córtex sejam mais comumente oferecidas nos tratamentos. Na parte dois deste livro, você vai aprender técnicas para controlar respostas à ansiedade com base na amígdala.

OS CIRCUITOS DO CÉREBRO

Com base no que você leu até aqui, agora já sabe que partes do cérebro estão envolvidas nos diferentes tipos de ansiedade. Você sabe que o caminho do córtex produz preocupações, obsessões e interpretações que geram ansiedade, e sabe que a amígdala inicia reações corporais que formam a resposta de luta, fuga ou congelamento. Muitas pessoas encontram algum conforto em simplesmente saber de onde estão vindo os diversos sintomas, que suas reações fazem sentido e que elas não estão enlouquecendo.

Agora que já entende as partes do cérebro que estão envolvidas na geração de ansiedade, você provavelmente está interessado em como pode mudar a maneira como essas partes do cérebro agem. Para fazer isso, precisa fazer mudanças na estrutura do cérebro.

O cérebro conta com bilhões de células conectadas que formam circuitos que guardam suas lembranças, produzem seus sentimentos e iniciam todas as suas ações. Essas células são chamadas de *neurônios*, ou células nervosas, e são os tijolos básicos do sistema nervoso. Elas são a razão para seu cérebro ter neuroplasticidade: a capacidade de mudar a si mesmo suas respostas. Com base em experiências, os neurônios em seu cérebro são capazes de mudar suas estruturas e padrões de resposta. Entender como os neurônios funcionam vai ajudar você a aprender estratégias que vão permitir uma reestruturação dos circuitos que criam ansiedade em seu cérebro. Isso também vai ajudar você a entender o efeito de medicamentos ansiolíticos.

Neurônios

Os neurônios são compostos de três partes (ilustradas na figura 3). O *corpo celular* contém a maquinaria da célula, incluindo o material genético que orienta a formação da célula. Saindo do corpo celular estão os *dendritos*, que se parecem com galhos de uma árvore. Os dendritos são parte essencial do sistema de comunicação entre os neurônios. Eles contatam outros neurônios para receber mensagens, que viajam entre os neurônios por meio de um processo químico. Os dendritos recebem mensagens dos *axônios* de outros neurônios. Os axônios não tocam os dendritos; na verdade, eles transmitem suas mensagens liberando substâncias químicas chamadas *neurotransmissores* no espaço entre o axônio e o dendrito. Exemplos de neurotransmissores incluem a adrenalina, a dopamina e a serotonina.

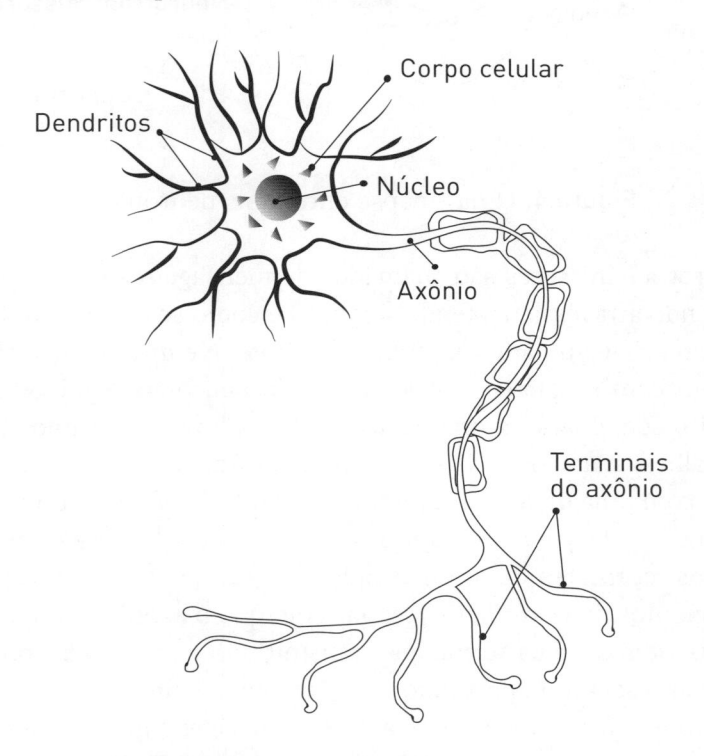

Figura 3: A anatomia de um neurônio

O espaço entre o axônio e o dendrito se chama *sinapse* (ilustrada na figura 4). Nesse espaço diminuto, ocorre a comunicação entre os neurônios. Na extremidade do axônio, chamada *terminal do axônio*, pequenas bolsas, ou vesículas, guardam neurotransmissores em preparação para enviar mensagens químicas. Alguns neurotransmissores excitam o neurônio seguinte, e outros o inibem ou aquietam.

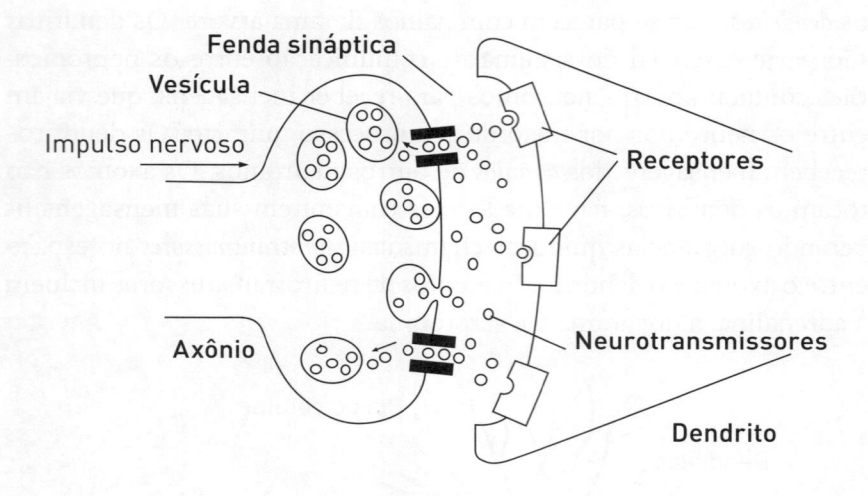

Figura 4: Uma sinapse entre dois neurônios

Neurotransmissores são chamados de mensageiros químicos porque quando atravessam a fenda sináptica é como se estivessem levando uma mensagem para o neurônio seguinte. Neurotransmissores se conectam com *receptores* nos dendritos do neurônio seguinte e têm um efeito semelhante a uma chave na fechadura. Não vamos entrar em detalhes, mas basta dizer que quando um neurotransmissor se conecta com uma molécula receptora, ele pode fazer o neurônio reagir disparando-o. *Disparar* é quando uma carga positiva viaja desde os dendritos receptores de um neurônio, através do corpo celular, e vai até os axônios do outro lado. Isso faz com que o axônio libere neurotransmissores de seus terminais, transmitindo a mensagem química ao neurônio seguinte, passando a mensagem adiante.

Neurônios funcionam com base em mensagens químicas entre si e cargas elétricas que perpassam suas estruturas. Toda sensação que você experimenta, da imagem destas palavras na página ao som do canto dos pássaros em seu jardim, é processada em seu cérebro por neurônios. As sensações que você experimenta, como ondas de luz que entram em seus olhos ou vibrações no ar com impacto em seus tímpanos, são traduzidas em sinais elétricos dentro dos neurônios, e esses sinais então são comunicados a outros neurônios através de neurotransmissores. Por meio desses processos de comunicação, o cérebro cria circuitos de neurônios que trabalham juntos para guardar lembranças, criar reações emocionais, iniciar processos de pensamento e produzir ações.

Quando os cientistas descobriram que as mensagens enviadas entre os neurônios estavam baseadas em neurotransmissores enviados de um neurônio para outro, começaram a desenvolver medicamentos tendo esse processo como alvo. Muitos dos medicamentos mais comumente usados para tratar da ansiedade, como o escitalopram, a sertralina, a venlafaxina e a duloxetina, foram criados para aumentar a quantidade de neurotransmissores disponíveis na sinapse como forma de afetar circuitos em certas áreas do cérebro. (As formas específicas com que esses medicamentos afetam os neurônios e como eles influenciam a ansiedade são explicados em "Medicamentos e seu cérebro ansioso", um capítulo bônus deste livro disponível para download no site da Ediouro. Veja o QR Code no final do livro.)

Circuitos: conexões entre neurônios

Por que você precisa saber como os neurônios funcionam? Se quiser reestruturar seu cérebro, conhecer os circuitos do cérebro e sua base em conexões formadas entre neurônios pode ajudar. Um psicólogo canadense chamado Donald Hebb (1949) propôs uma teoria de como os neurônios criam circuitos que se revelou muito útil para explicar o processo. Desde então, sua ideia foi resumida nesta afirmação simples da neurocientista Carla Shatz: "Neurônios que são acionados juntos criam circuitos juntos" (Doidge, 2007, 63). Essa afirmação oferece uma compreensão clara de como você pode alterar os circuitos de seu cérebro.

Basicamente, para que ocorram as sinapses e as vias neurológicas sejam pavimentadas, um neurônio tem de ser acionado ao mesmo tempo que outro neurônio esteja sendo acionado. Quando neurônios são acionados juntos, reforça-se uma conexão entre eles e, com o tempo, um padrão de circuito se desenvolve no qual a ativação de um neurônio faz com que outro se ative também. Mais neurônios podem se conectar com esses neurônios de forma semelhante, e se eles são acionados juntos, rapidamente todo um conjunto de neurônios conectados é criado. Mudar circuitos neurais envolve mudar os padrões de ativação no cérebro para que novas conexões se desenvolvam entre neurônios e se formem novos circuitos. Mudanças no cérebro, ou o aprendizado, podem ocorrer como resultado de neurônios estabelecendo novas conexões e circuitos.

Embora nossos cérebros sejam programados desde o nascimento para se desenvolverem e se organizarem, eles são incrivelmente flexíveis e reativos às experiências particulares dos indivíduos. Como o neurocientista Joseph LeDoux (2002, 3) explica: "As pessoas não vêm montadas, elas são coladas juntas pela vida." Os circuitos em seu cérebro são formados pelas experiências específicas que você teve, e eles podem ser alterados como resultado de sua experiência contínua. Por exemplo, conexões entre certos neurônios em particular são reforçadas quando você as usa. Algumas pessoas continuam usando as próprias memórias da tabuada para calcular equações matemáticas, e essas conexões permanecem tão fortes como quando estavam na escola. Mas alguns de nós usam calculadoras, então não usamos com regularidade os circuitos cerebrais que armazenam a tabuada, o que lembramos da tabuada acaba enfraquecendo.

Os circuitos específicos em seu cérebro se desenvolvem com base nas experiências que você tem. Talvez seu cérebro passe a associar cavalos com estábulos, avôs com charutos, o cheiro de pipoca com cinema e por aí vai. Embora duas pessoas possam compartilhar associações parecidas, cada um de nós tem circuitos cerebrais formados de forma única a partir de nossas próprias experiências. Enquanto uma pessoa pode ter circuitos que associem vacas com queijo e fazendas, outra pessoa pode ter circuitos que associem vacas com celeiros e máquinas de ordenha.

Neurônios criam novas conexões e constroem novos circuitos de diversas maneiras. Os circuitos podem ser ativados por certos pensamentos deliberados, como aqueles que você tem quando lhe pedem para se lembrar de sua avó. Circuitos podem ser reorganizados alterando seu comportamento, como aprender uma nova tacada no golfe. Comportamentos de desempenho, como tocar piano ou sacar uma bola de vôlei, podem fazer com que novos circuitos se desenvolvam, e só imaginar o desempenho desses comportamentos pode causar mudanças nos circuitos. O cérebro permanece flexível e capaz de fazer mudanças ao longo da vida.

Se você quer mudar a ansiedade que experimenta, precisa mudar as conexões neurais que levam a respostas de ansiedade. Algumas dessas conexões estão guardadas nos circuitos cerebrais na forma de lembranças, que são formadas tanto no córtex quanto na amígdala.

Memórias emocionais formadas pela amígdala

Memórias emocionais são criadas pelo núcleo lateral na amígdala por meio do processo de associação, que vamos discutir no capítulo dois. Essas memórias emocionais vêm de experiências das quais seu córtex pode ou não se lembrar. Isso ocorre porque o sistema de memória do córtex é completamente separado daquele que passa prioritariamente pela amígdala. Na verdade, indícios sugerem que a memória com base na amígdala dura mais que a memória com base no córtex (LeDoux, 2000). Em outras palavras: o córtex tem muito mais chance de esquecer informação ou de ter problemas para recuperá-la que a amígdala.

A existência de sistemas de memória diferentes explica por que você pode experimentar ansiedade em uma situação sem nenhuma memória (ou entendimento) consciente sobre o motivo pelo qual aquela situação produz ansiedade. Só porque sua amígdala tem uma memória emocional de um acontecimento não significa que seu córtex tenha a mesma lembrança. E se seu córtex não se lembra do acontecimento, você vai ter dificuldade em se lembrar dele — os humanos confiam na memória do córtex. Isso significa que nós às vezes temos reações emocionais que nos intrigam, especialmente quando se trata de ansiedade. Então você pode não entender, por exemplo, por que atravessar pontes provoca ansiedade, por que você evita se sentar de costas para a porta em um restaurante ou por que o cheiro de tomateiros o deixa tenso.

A amígdala é capaz de reagir com base em suas próprias memórias emocionais e não precisa de memórias com base no córtex. Pesquisas realizadas para encontrar os caminhos no cérebro que dão origem a respostas emocionais mostraram que o aprendizado emocional pode ocorrer sem envolvimento do córtex (LeDoux, 1996). Segue um exemplo que vai ajudar a ilustrar isso (em Claparede, 1951).

Uma mulher foi hospitalizada em decorrência da síndrome de Wernicke-Korsakoff, um transtorno de memória frequentemente associado ao alcoolismo crônico. Seu córtex não conseguia formar memórias de suas experiências, por isso ela não conseguia identificar o médico ou o hospital, apesar do fato de ter estado no mesmo hospital diversas vezes ao longo de anos. Ela não sabia o nome da enfermeira que tinha cuidado dela por meses e não conseguia se lembrar de detalhes de uma história contada a ela apenas alguns minutos antes. Mas, ao mesmo tempo, sua amígdala demonstrou a habilidade de criar memórias emocionais sem a ajuda do córtex.

Certo dia, seu médico fez um pequeno experimento (um procedimento que não seria ético hoje em dia). Quando ele estendia a mão para apertar a dela, a espetava com um alfinete escondido. No dia seguinte, quando a mulher viu o médico estender a mão, rapidamente retirou a sua por medo. Quando perguntada por que ela se recusou a apertar a mão dele, ela não conseguiu explicar. Além disso, relatou não se lembrar de ter visto aquele médico antes. Ela não tinha memória com base no córtex de um acontecimento que fez com que sentisse medo do médico, mas sua amígdala tinha criado uma memória emocional, e seu medo era a prova disso.

Descobrindo a fonte de memórias com base na amígdala

Se você teme um objeto ou situação específicos, talvez se lembre de uma experiência em que sua amígdala aprendeu esse medo. De forma alternativa, pode ser difícil descobrir como se desenvolve um medo com base na amígdala, já que seu córtex não é capaz de resgatar uma memória relacionada a essa situação, embora a amígdala claramente faça isso. O fato de que o córtex pode ser deixado de fora do processo é o motivo de pessoas frequentemente se confundirem em relação a suas respostas emocionais.

Aqui temos um exemplo que ilustra como é essa confusão: Lily reconheceu que tinha fobia social quando leu os sintomas da fobia social em um site sobre ansiedade. Ela sabia que se sentia desconfortável quando estava no meio de grupos de pessoas e que era difícil para ela comparecer a reuniões de família, como o jantar de Ação de

Graças ou o chá de bebê de uma cunhada. Quando o terapeuta disse a ela que essa ansiedade devia-se provavelmente a sua amígdala, ela não tinha ideia de por que sua amígdala tinha desenvolvido essa resposta emocional. Mas quando o terapeuta pediu a ela que identificasse características específicas das reuniões que provocavam ansiedade, Lily disse que estar em um círculo de pessoas, mesmo alegres membros da família, era muito estressante. Ela reconhecia que um círculo era aterrorizante para ela, especialmente quando todos podiam a encarar simultaneamente.

Quando o terapeuta perguntou a Lily se ela conseguia pensar em uma experiência que podia ter ensinado a sua amígdala que um círculo de pessoas era perigoso, Lily se lembrou de um acontecimento no segundo ano, quando estava em um círculo de crianças lendo seus livros em voz alta. Quando foi sua vez de ler, ela teve dificuldade, e o professor a tratou de um jeito que fez com que ela se sentisse humilhada. A memória com base no córtex dessa experiência finalmente retornou para Lily, e ela entendeu por que sua amígdala tinha criado uma memória emocional para tentar protegê-la. Devido a essa memória, sua mente interpretava um círculo de pessoas como perigo em potencial.

Saber que sua amígdala armazena memórias emocionais das quais seu córtex não tem conhecimento pode ajudar você a entender melhor algumas de suas reações emocionais. Às vezes, o córtex não tem a mínima compreensão das origens ou propósitos das reações emocionais criadas pela amígdala. Mas você pode aprender mais sobre esses processos, por isso no próximo capítulo vamos ajudar que você e seu córtex tenham mais conhecimento sobre o funcionamento da amígdala.

RESUMO

Dois caminhos podem criar ansiedade. Um caminho viaja pelos circuitos com o foco em detalhes do córtex e depois envia informação para a amígdala, que produz uma resposta de ansiedade. O outro caminho vai direto do hipotálamo para a amígdala. Os dois caminhos podem fazer com que a amígdala crie ansiedade, mas eles também são construídos por circuitos, e certos aspectos desses circuitos podem ser modificados. Se você entende como os circuitos funcionam, você pode reestruturar seu cérebro ansioso para experimentar menos ansiedade.

Capítulo 2
A raiz da ansiedade: entendendo a amígdala

Não se deixe enganar pelo tamanho pequeno de sua amígdala. Embora a maior e mais desenvolvida parte do cérebro humano, o córtex, contribua de muitas maneiras para a ansiedade, a amígdala tem o papel mais influente porque, como você aprendeu no capítulo um, está envolvida nas duas vias para a ansiedade. Como o maestro de uma orquestra, a amígdala controla muitas reações diferentes tanto em seu cérebro quanto em seu corpo. Além de contar com respostas programadas, ela também é muito sensível ao que acontece com você e responde a suas experiências específicas.

Neste capítulo, você vai aprender sobre a "linguagem" especial da amígdala e seu impacto em sua vida. Em termos evolucionários, a amígdala é uma estrutura muito antiga, e a humana é muito semelhante às encontradas em todos os outros animais. Como é parecida com a de ratos, cães e até peixes, pesquisadores têm sido capazes de estudar profundamente seu funcionamento e aprenderam muito sobre como ela gera medo e ansiedade.

Quando você nasce, sua amígdala tem respostas pré-programadas, que estão prontas para entrar em ação. Mas essa estrutura antiga não é fixa; a amígdala está constantemente aprendendo e mudando com base nas suas experiências diárias. Na verdade, quando você entende o que chamamos de "linguagem da amígdala", tem mais controle sobre suas respostas de ansiedade porque você vai saber como influenciar a parte do cérebro que está na raiz do medo.

A AMÍGDALA COMO PROTETORA

Para entender a ansiedade com base na amígdala, é útil pensar nela como sua protetora. A seleção natural deu aos humanos uma amígdala que produz medo e tem a proteção como um objetivo central. Enquanto você vai passando pelo seu dia, a amígdala está vigilante para qualquer coisa que possa indicar um dano em potencial. Mesmo que essa função de proteção seja boa, a amígdala pode reagir excessivamente, criando uma resposta de medo em situações que na verdade não são perigosas.

Pense em Fran, que está prestes a fazer uma palestra. Seu coração começa a bater forte e ela começa a hiperventilar assim que fica de pé diante do grupo com todo mundo olhando para ela. De que sua amígdala está tentando protegê-la? Parece que ela entende a situação de estar diante de um público como algo perigoso.

Fran não está sozinha ao experimentar esse tipo de resposta. Estudos mostraram que o medo de falar em público é o mais comumente relatado, superando o medo de voar, o de aranhas, o de altura e o de espaços apertados (Dwyer e Davidson, 2012). O que pode explicar essa resposta comum? Como a amígdala tenta impedir que sejamos presa de um predador, cientistas evolucionários sugeriram que podemos ser propensos a interpretar olhos nos observando como uma situação potencialmente perigosa (Ohman, 2007). Outros sugeriram que o risco de rejeição por um grupo de observadores vem de um medo antigo de ser rejeitado por seu clã (Croston, 2012), o que já significou que você estava por conta própria para se defender e escapar dos predadores — uma provável sentença de morte. De qualquer modo, parece que a amígdala reage para nos proteger de uma situação vulnerável de sermos observados por animais potencialmente hostis, incluindo outros humanos.

Fran pode não ter consciência das raízes evolucionárias de sua reação e do papel da amígdala nela. O córtex pode estar lhe dizendo que ela tem medo de ser criticada, humilhada ou de cometer um erro, enquanto sua amígdala está operando de uma perspectiva mais pré-histórica. A verdade é que o córtex frequentemente apresenta razões para nossos comportamentos, que podem ou não ser explicações precisas. Entretanto, a preocupação aqui não é a precisão do córtex, mas seus efeitos. Quanto mais Fran abraça interpretações geradas no córtex para sua ansiedade com base na amígdala, como *Você está preocupada que seu chefe nunca fique satisfeito com essa apresentação*, mais ansiedade com base no córtex ela vai criar, aumentando seu problema. Procurar no córtex as causas da ansiedade com base na amígdala é como olhar para sua geladeira para entender por que seu carro não quer ligar. Você não está olhando para o lugar certo!

Em vez disso, Fran precisa se concentrar na perspectiva da amígdala. Ela precisa entender que seu cérebro está tentando protegê-la. Em vez de usar o córtex para buscar explicações para sua ansiedade, ela precisa usar o córtex para aplicar seu conhecimento da linguagem da amígdala. Primeiro, precisa reconhecer que seu coração acelerado e o ritmo maior de sua respiração, que iam ajudá-la se ela precisasse fugir ou lutar, não indicam que ela está realmente em perigo. Essas respostas são parte da reação da amígdala, e não são úteis no contexto de falar em público. Fran precisa entender que essa não é uma situação perigosa e que sua amígdala está disparando um alarme desnecessariamente. Mesmo que a palestra que Fran está prestes a fazer seja muito importante, talvez para sua carreira, é improvável que essa seja a situação de vida ou morte para a qual a amígdala parece estar preparando Fran.

Isso realça a importância de conhecer a função protetora da amígdala. Isso é crucial para entender e controlar suas próprias respostas de ansiedade. Em muitos casos, a suposição da amígdala de que você precisa ser protegido do perigo é incorreta. Felizmente, você pode remediar isso treinando a amígdala, e não dando a ela mais combustível para o fogo, supondo que uma reação emocional temerosa ou ansiosa é uma indicação definitiva de perigo. A reação da amígdala protetora é frequentemente equivocada, e você não quer deixar que seu córtex reforce esse processo.

Por último, é importante reconhecer que simplesmente tentar usar seu córtex para se convencer de que a situação não é realmente perigosa nem sempre vai interromper a resposta da amígdala. Uma abordagem mais eficaz é usar técnicas e estratégias de respiração profunda, e vamos esboçar essa abordagem na parte dois do livro, "Assumindo o controle de sua ansiedade com base na amígdala".

COMO A AMÍGDALA DECIDE O QUE É PERIGOSO

A amígdala humana parece predisposta a reagir a certos estímulos como se fossem perigosos (Ohman e Mineka, 2001). Medo de cobras, insetos, animais, altura, expressões faciais raivosas e contaminação parecem ser biologicamente programados, porque os humanos os aprendem sem muito estímulo. Por exemplo, poucas crianças têm medo de carros, mas muitas têm medo de insetos. Embora carros sejam um perigo muito maior para crianças, o medo de insetos parece estar programado na amígdala de modo que as crianças o desenvolvem com muita facilidade. Isso sem dúvida é o resultado de milhares de anos de evolução, nos quais o medo de insetos contribuía de algum modo para a sobrevivência. Entretanto, mesmo medos que estão programados na amígdala podem ser mudados. Se não pudessem, é improvável que tantos de nós vivessem com animais de dentes pontiagudos, como gatos ou cães, e os tratassem como parte da nossa família.

Por outro lado, muitos objetos ou situações não são naturalmente temidos pela amígdala. Ela aprende a temê-los como resultado de experiências de vida. A amígdala está constantemente aprendendo com base na experiência, e após certos episódios negativos, ela cria circuitos cerebrais que fazem com que as pessoas tenham medo de objetos que antes não eram temidos. Por exemplo, uma criança não teme o fogo e deve ser alertada a não o tocar. Mas depois que uma criança é queimada por, digamos, uma vela de aniversário, a amígdala aprende a temer a visão de chamas. Além disso, a amígdala acrescenta rapidamente diversos objetos em chamas a sua lista de coisas perigosas, de modo que a criança também pode temer isqueiros, estrelinhas ou fogueiras. A amígdala retém lembranças duradouras. Essa é uma habilidade poderosa e adaptativa, porque permite a criação de circuitos neurais especializados que ajudam as pessoas a evitar os perigos específicos que acontecem em suas vidas. Isso manteve a amígdala útil e praticamente inalterada por milhões de anos.

Quando explicamos os dois caminhos da ansiedade para as pessoas, elas frequentemente perguntam se podem ter herdado uma amígdala sensível. A genética, sem dúvida, pode influenciar a amígdala e, portanto, suas reações emocionais típicas. Por exemplo, crianças com uma amígdala esquerda menor tendem a ter mais dificuldades com a ansiedade que outras (Milham et al., 2005). A boa notícia é que toda amígdala é capaz de aprender e mudar, e nos próximos capítulos você vai aprender a treinar a sua para reagir de maneira diferente.

MEMÓRIAS EMOCIONAIS

Como discutido no capítulo um, a amígdala forma memórias, mas não do jeito que as pessoas normalmente pensam em memórias. Com base em experiências, a amígdala cria memórias emocionais — tanto positivas quanto negativas — das quais você não tem necessariamente consciência. Memórias positivas, como a associação do cheiro de perfume com sentimentos de amor por seu parceiro, normalmente não causam muita dificuldade. Portanto, vamos nos concentrar nas memórias emocionais negativas, especialmente aquelas que resultam em medo e preocupação, porque essas memórias podem causar uma boa dose de ansiedade com base na amígdala.

Como observado no capítulo um, o núcleo lateral de sua amígdala cria memórias emocionais que podem levá-lo a responder a certos objetos ou situações como se fossem perigosos. Devido a essas memórias, você tem consciência de uma sensação de desconforto, medo ou temor. Entretanto, você não se dá conta de que essa sensação se deve a uma memória emocional porque a memória não está armazenada como uma imagem ou informação verbal. Não é como uma velha fotografia ou filme em sua mente, como memórias com base no córtex podem ser. Em vez disso, você experimenta uma memória com base na amígdala *diretamente*, como um estado emocional. Você simplesmente começa a sentir uma emoção específica. Se essa sensação é ansiedade, é fácil supor que ter uma sensação de medo ou ansiedade seja um reflexo preciso do perigo de uma situação — se você não entende a linguagem da amígdala.

Sam sofreu um acidente de carro que feriu seriamente sua namorada, que estava dirigindo. Até hoje, quando anda no banco do passageiro de um carro, ele tem ansiedade — uma sensação urgente de perigo que parece resultar da situação atual em seu ambiente. Sam não experimenta uma lembrança do acidente nem reflete sobre o episódio toda vez que experimenta essa ansiedade com base na amígdala. Entretanto, toda vez que ele se aproxima do banco do passageiro, tem uma forte sensação de que deve evitar a situação, e se sente extremamente desconfortável e quase em pânico sempre que tenta andar no carro com outro motorista. Se tenta traduzir aquele sentimento em palavras, ele diz que sente que algo ruim vai acontecer se for no banco do passageiro. Ele fica mais confortável quando dirige e por anos evitou ir no banco do carona. Como essa reação emocional profundamente sentida é tão real e persistente, ele não considera se deve questioná-la. Nunca a descreveria como uma memória formada pela amígdala e não espera mudar nem percebe que pode fazer isso.

Exercício: Familiarizando-se com os efeitos das memórias com base na amígdala

Você pode se perguntar qual é a sensação de uma memória com base na amígdala. Leia a lista de experiências a seguir e pense se alguma delas é parecida com algo que você já sentiu. Marque as que se apliquem a você.

___ Percebo meu coração bater forte ou meus batimentos cardíacos aumentarem em certas situações.

___ Evito algumas experiências, situações ou lugares sem ter uma intenção consciente de fazer isso.

___ Fico vigiando ou verificando certas coisas mesmo quando realmente não preciso fazer isso.

___ Não consigo relaxar nem baixar a guarda em um lugar ou tipo de lugar específico.

___ Acontecimentos aparentemente insignificantes podem me deixar preocupado.

___ Entro completamente em pânico muito facilmente.

___ Em certas situações, sinto muita raiva, a ponto de querer brigar fisicamente, mas sei que isso não faz sentido.

___ Sinto uma forte necessidade de escapar de certas situações.

___ Sinto-me oprimido e não consigo pensar com clareza em certos ambientes.

___ Sob certas circunstâncias, eu me sinto paralisado e não consigo fazer nada.

___ Em situações estressantes, não consigo respirar em um ritmo natural.

___ Desenvolvo muita tensão muscular em certas situações.

Todas as afirmativas anteriores refletem possíveis efeitos de memórias formadas no núcleo lateral da amígdala. Se você sentiu alguma dessas reações, provavelmente estava experimentando a influência de uma memória com base na amígdala, que pode ter armazenado essas informações em uma tentativa de protegê-lo de perigos em potencial. Quando essas memórias são ativadas, é normal não entender a reação que você está tendo ou não se sentir no controle de suas respostas. Além do mais, você pode ter explicações equivocadas dessas reações, que têm base no desejo de seu córtex de entender o que está acontecendo.

A RESPOSTA DE LUTA, FUGA OU CONGELAMENTO

Como mencionado antes, a localização central da amígdala no cérebro a deixa em posição vantajosa para influenciar outras áreas que podem mudar funções corporais essenciais em uma fração de segundo. Quando o perigo é detectado, a amígdala pode afetar várias estruturas altamente influentes no cérebro, incluindo os sistemas de acionamento do tronco encefálico, o hipotálamo, o hipocampo e o núcleo accumbens. Essas conexões diretas permitem que a amígdala ative instantaneamente sistemas motores (movimento), energize o sistema nervoso simpático, aumente o nível de neurotransmissores e libere hormônios como a adrenalina e o cortisol na corrente sanguínea. Essa ativação cria uma cascata de mudanças no corpo: o ritmo cardíaco aumenta, as pupilas se dilatam, o fluxo sanguíneo é desviado do trato digestivo para as extremidades, os músculos se tensionam e o corpo é energizado e preparado para a ação. Em resposta a essas mudanças fisiológicas, você pode sentir tremedeira, o coração batendo forte e distúrbios estomacais e intestinais.

Todas essas mudanças são parte da resposta de luta, fuga ou congelamento, e, como observado anteriormente, o núcleo central é a parte da amígdala em que se inicia essa resposta. Quando essa reação é necessária, consideramos um acontecimento que salva vidas. Mas se o núcleo central tiver uma reação exagerada, ele pode desencadear um ataque de pânico quando não existe razão para medo.

Quando inicia um ataque de pânico, o núcleo central da amígdala está no controle, e o córtex tem muito pouca influência. Algumas pessoas reagem de forma bem agressiva quando estão em pânico, algumas fogem da situação, outras ficam imobilizadas. Se você está tendo um ataque de pânico e as pessoas tentam lhe explicar razões lógicas para não estar em pânico, elas estão essencialmente falando com um córtex que está desligado. Estratégias que têm a amígdala como alvo direto, como praticar atividade física ou respirar fundo, vão ser mais eficazes, e vamos lhes explicar essas estratégias nos capítulos seis e nove.

Ter consciência da capacidade da amígdala de assumir o controle é essencial para qualquer um que lute contra a ansiedade. Isso serve como lembrete de que o cérebro é plenamente estruturado para permitir que a amígdala assuma o controle em momentos de perigo. Inúmeras vidas (de humanos e outros animais) foram salvas pela habilidade da amígdala de comandar rapidamente reações corporais em situações perigosas. Por exemplo, várias ações rápidas que temos, como pisar no freio no trânsito, abaixar quando uma bola vem em nossa direção ou deixar a sala quando as veias no pescoço do chefe estão saltadas. Todas essas situações são casos em que a amígdala está tentando nos salvar de um perigo percebido. Mas, como mencionamos, às vezes a bem-intencionada amígdala é o próprio problema.

A LINGUAGEM DA AMÍGDALA

A essa altura, você aprendeu muito sobre como a amígdala gera ansiedade, e entende que uma das principais funções dela é protegê-lo. Também sabe que ela pode classificar certos objetos ou situações como perigos, geralmente devido a uma experiência de aprendizado. Você aprendeu que a amígdala cria memórias das quais podemos não ter consciência, mas que experimentamos como emoções. Finalmente, você sabe que a amígdala tem um sistema de resposta imediata que pode assumir o controle tanto de seu corpo quanto de seu cérebro quando sente que você está em perigo. Isso levanta a questão de como podemos exercer controle sobre a amígdala. Para fazer isso, precisamos comunicar novas informações para essa parte pequena mas poderosa do cérebro, e a melhor maneira de conseguir isso é usar a linguagem da própria amígdala.

Usamos a palavra "linguagem" aqui para descrever o método de comunicação entre a amígdala e o mundo exterior. Essa linguagem em especial não é uma linguagem de palavras ou pensamentos, mas de emoções. Quando se trata de ansiedade, a linguagem da amígdala tem um foco muito estreito no perigo e na segurança. Ela tem base na experiência e é uma linguagem de ações e respostas rápidas. Quando você entende as especificidades dessa linguagem, suas experiências com ansiedade com base na amígdala fazem mais sentido e você também consegue comunicar novas informações para sua amígdala para treiná-la a responder de forma diferente.

Como discutido no capítulo um, uma lei central sobre os circuitos neurais no cérebro é "neurônios que são acionados juntos se conectam juntos" (Doidge, 2007, 63). A linguagem da amígdala tem base na criação de conexões entre neurônios. Quando se trata de ansiedade com base na amígdala, conexões entre neurônios são estabelecidas quando uma informação sensorial sobre um objeto ou situação está sendo processada por neurônios no núcleo lateral ao mesmo tempo em que algo ameaçador acontece para estimular a amígdala. Em qualquer situação ameaçadora, a amígdala trabalha para identificar qualquer imagem, som ou outra informação sensorial associada ao perigo. Portanto, *associação* é uma parte essencial da linguagem da amígdala.

Psicólogos sabem do aprendizado com base em associação, geralmente chamado de condicionamento clássico, há mais de um século, mas só nas duas últimas décadas eles reconheceram que alguns tipos desse aprendizado ocorrem na amígdala. Neste livro, utilizamos muitas descobertas do neurocientista Joseph LeDoux (1996) e sua equipe, que estão pesquisando a base neurológica da ansiedade com base na amígdala. A amígdala examina os aspectos sensoriais de sua vida e responde de maneiras muito específicas quando uma informação sensorial é associada a acontecimentos positivos ou negativos que ocorrem ao mesmo tempo. Quando sensações, objetos ou situações são associados a um acontecimento negativo, as memórias são armazenadas pelo núcleo lateral em circuitos programados para produzir uma emoção negativa.

Aprendizado emocional no núcleo lateral da amígdala

Imagine uma pessoa que se depara com um cão. As imagens e os sons do cachorro são processados através do tálamo e enviados diretamente para o núcleo lateral da amígdala, que não cria automaticamente uma alteração no circuito neural, causando ansiedade. Neurônios no núcleo lateral mudam de um jeito que o medo só é aprendido se a informação sensorial sobre o cachorro estiver sendo processada no núcleo lateral *imediatamente antes ou ao mesmo tempo que* a ocorrência de uma experiência negativa, como ser ameaçado ou mordido pelo cão. Da mesma forma, se o cachorro se comportar de maneira amistosa ou neutra, o núcleo lateral não vai criar uma memória emocional negativa sobre o cão.

Entretanto, quando uma experiência dolorosa ou negativa como uma mordida de cachorro acontece, os neurônios transmitindo informação sensorial sobre a mordida criam um forte estímulo emocional no núcleo lateral. Se esse estímulo está ocorrendo aproximadamente ao mesmo tempo em que o núcleo lateral está recebendo informação sensorial sobre o cachorro, o núcleo lateral muda os circuitos neurais para responder negativamente a cachorros ou animais semelhantes no futuro. Em estudos com ratos, cientistas conseguiram observar que conexões se formam na amígdala quando esses pareamentos são experimentados (Quirk, Repa e LeDoux, 1995).

Um objeto ou situação em si não precisam ser danosos ou ameaçadores por medo ou ansiedade para estarem associados a ela. Qualquer objeto, até um urso de pelúcia, pode passar a causar ansiedade a partir do aprendizado com base em associação. Para uma associação se desenvolver, basta que o objeto seja experimentado aproximadamente ao mesmo tempo em que algum acontecimento perturbador ou ameaçador esteja ativando o núcleo lateral. Lembre-se, neurônios se conectam quando são acionados simultaneamente.

A linguagem com base em associação da amígdala é o que cria muitas das reações emocionais que você experimenta; a ansiedade com base na amígdala é apenas um exemplo. No caso da ansiedade, o núcleo lateral conecta informação sensorial sobre uma situação com a emoção do medo. Depois que essa conexão é criada, você vai se sentir ansioso sempre que a amígdala reconhecer informação sensorial parecida. As imagens, sons ou cheiros associados ao acontecimento negativo se tornam capazes de ativar o sistema de alarme da amígdala. O termo *gatilho* se refere a qualquer coisa — um acontecimento, objeto, som, cheiro e assim por diante — que ativa o sistema de alarme da amígdala como resultado de aprendizado com base em associação.

No exemplo, cães se tornam um gatilho da ansiedade. Gatilhos são um aspecto importante da linguagem da amígdala.

Pode parecer surpreendente que *qualquer* objeto possa se tornar um gatilho se for processado quando a amígdala está em estado ativado. Mas a ansiedade com base na amígdala deve-se a associações, não à lógica, então gatilhos não precisam fazer sentido lógico. Aqui temos um exemplo que ilustra como a associação, e não a ideia de causa e efeito, governa a ansiedade com base na amígdala: Josefina estava dando um urso de pelúcia para seu neto, que corria alegremente em sua direção. Então de repente ele caiu e cortou o lábio. Agora ele experimenta ansiedade com base na amígdala sempre que vê um urso de pelúcia. Como o inofensivo urso de pelúcia estava associado com a dor do machucado, tornou-se um gatilho, levando a um medo de ursos de pelúcia.

A reação da amígdala pode ir de relativamente fraca a muito forte, dependendo da experiência. Por exemplo, você pode ter uma leve aversão por certo tipo de comida que estava associada com uma experiência negativa, como uma salada de ovos que comeu durante um piquenique de família que acabou ficando estressante. Por outro lado, se uma vez você comeu panquecas quando estava doente e isso o fez vomitar, pode descobrir que, mesmo anos depois, só o cheiro de panquecas já o deixa enjoado.

Antes que você pense que estaria melhor sem a amígdala, lembre-se de que o papel dela é protegê-lo. Além disso, a amígdala produz emoções positivas graças ao aprendizado com base em associação. Por exemplo, se o amor de sua vida lhe dá um colar de presente, você vai experimentar sentimentos de calor e amor por seu parceiro. Posteriormente, quando você vir o colar, a associação formada entre o colar e a emoção do amor vai fazer com que você experimente sentimentos cálidos e afetuosos novamente. Se o colar não tivesse sido combinado com uma pessoa amada, ele simplesmente seria mais uma joia. Muitas reações emocionais positivas são produzidas pela amígdala, por isso você não ia querer se livrar dela.

Na verdade, se duas pessoas tiveram experiências diferentes, elas podem ter reações completamente diferentes ao mesmo objeto, graças à linguagem da amígdala. Uma das autoras deste livro (Catherine) tem sentimentos afetuosos por determinados insetos porque sempre os encontrava ao colher suas framboesas favoritas no jardim da avó. Ela recolhe delicadamente esses insetos e os leva para casa, para grande horror de sua coautora (Elizabeth), cuja amígdala reage aos bichos como se eles fossem assustadores.

Exercício: Identificando emoções da amígdala em sua vida

Você pode pensar em situações ou objetos inofensivos que provocam ansiedade com base na amígdala como resultado da linguagem com base na associação de sua amígdala? Você já ficou intrigado por sua reação a algo ou alguém que não tinha razão suficiente para temer ou não apreciar? Pense também se você já experimentou emoções positivas inesperadas em reação a alguém ou alguma coisa. Essas respostas emocionais podem ser reflexo da linguagem da amígdala. Em uma folha de papel, liste exemplos de reações positivas e negativas. Lembre-se: os itens que você listar em cada categoria não precisam fazer sentido lógico. Por exemplo, você pode ter uma reação emocional negativa ao cheiro de lilás e uma reação emocional positiva a tempestades.

As reações da amígdala não são lógicas

Como você pode ver, as emoções com base na amígdala não são racionais. Elas têm base em associações, e não na lógica.

Pense em Beth, que foi sexualmente agredida enquanto uma música específica dos Rolling Stones estava tocando. Depois da agressão, sempre que Beth ouvia a música, sentia uma ansiedade intensa. Obviamente a música dos Rolling Stones não tinha nada a ver com a agressão sexual; foi apenas coincidência ela estar tocando quando a violência ocorreu. Mesmo assim, a amígdala de Beth reagia à associação entre a música e a agressão, um acontecimento extremamente negativo. Dessa forma, a amígdala transforma um objeto ou situação neutros em algo que gera reação emocional. Para ser mais preciso, o objeto em si não é transformado; em vez disso, ele é processado de um jeito novo ou diferente pela amígdala.

As pessoas *experimentam* a conexão que a amígdala faz entre um objeto e o medo, mas elas podem não reconhecer ou entender a conexão. Elas podem sentir uma forte reação emocional a um objeto sem se dar conta de que uma conexão neural foi feita ou entender por que a reação emocional está ocorrendo. Essa falta de conscientização é completamente normal e se estende a todos os tipos de funções neurais. Por exemplo, você não precisa ter conhecimento consciente dos circuitos neurais que lhe possibilitam ler este livro, sentar com a coluna reta ou respirar. Graças a Deus! Ter esse tipo de consciência o tempo todo seria exaustivo.

Entretanto, para pessoas que sofrem com ansiedade, ter uma compreensão do papel significativo da amígdala na criação de associações com o medo é útil. Isso permite que a pessoa pare de procurar por explicações lógicas e comece a aprender a usar a linguagem da amígdala. Vamos usar Don, um veterano da guerra do Vietnã com transtorno de estresse pós-traumático, como um exemplo de como ter uma compreensão da linguagem da amígdala pode ser útil. Don costumava experimentar ataques de pânico, mas passou anos sem ter nenhum. De repente, ele começou a ter episódios todas as manhãs sem motivo aparente. Quando estimulado a investigar a situação, viu que seu pânico estava fortemente associado com tomar banho. Depois de alguns dias observando sua ansiedade aumentar, Don percebeu que a esposa havia comprado um sabonete da mesma marca do que ele usava no Vietnã. O cheiro do sabonete estava ativando a amígdala, o sabonete era um gatilho associado com a guerra.

Reconhecer que o sabonete era a razão para seus ataques de pânico foi um alívio para Don. Conhecer a linguagem da amígdala deu a ele uma nova compreensão que o ajudou a ver que ele não estava enlouquecendo e que seu transtorno de estresse pós-traumático não estava começando a tomar sua vida outra vez — algo com que se preocupava muito. No caso de Don, entender a linguagem da amígdala foi útil, embora não acabasse com sua ansiedade. Ele ainda ficava ansioso sempre que sentia o cheiro do sabonete, apesar de saber que não havia perigo; entretanto, ele podia dar um fim a seus ataques de pânico matutinos simplesmente comprando uma outra marca de sabonete.

Para Don, evitar aquele cheiro não tinha custo. Mas às vezes o gatilho é algo muito mais difícil, ou impossível, de se evitar. Pense em um encanador que tenha medo de aranhas (que costumam se esconder embaixo de pias) ou um gerente administrativo que trabalhe no 20º andar e tenha ataques de pânico em elevadores. Nesses casos, reduzir ou eliminar o medo ou ataques de pânico exige treinar novamente a amígdala. Vamos explicar como fazer isso na parte dois deste livro; por enquanto, saiba apenas que há maneiras de alterar seus circuitos emocionais, o que pode trazer esperança para as pessoas.

Pode ser que você não tenha certeza sobre em que momento determinada memória emocional foi criada. Mas, por sorte, não é preciso conhecer a origem de uma ansiedade baseada na via da amígdala para mudar as conexões neurais. Como você vai ver no capítulo sete, quando você reconhece que um gatilho específico é associado a uma resposta de ansiedade, pode dar passos para mudar o circuito associado com esse gatilho, mesmo que não conheça a causa emocional dessa memória.

Aprendendo com a experiência

Muitas pessoas acreditam que os sintomas dos transtornos de ansiedade, como pânico, preocupação ou privação de certos objetos e situações, devem ser aliviados por argumentos racionais. Membros da família bem-intencionados, e às vezes até pessoas lutando contra a ansiedade, costumam pensar que a lógica e a razão devem mudar a forma como uma pessoa ansiosa reage. Mas, é claro, a amígdala não é lógica. Por exemplo, se um menino tem medo de cachorros por ter sido mordido por um, não é possível mudar esse quadro simplesmente dizendo: "Não se preocupe com meu cachorro Buddy. Ele nunca morde ninguém. Ele só late, não morde." Quando você tem uma compreensão da linguagem da amígdala, fica claro por que intervenções com base em lógica não acertam o alvo. Como você vai ver mais tarde neste livro, muitos sintomas de ansiedade com base no córtex respondem a argumentos lógicos, mas quando se trata de ansiedade com base na amígdala há apenas um meio certo para a amígdala aprender: experiência.

A confiança da amígdala na experiência para aprender explica por que horas falando na terapia ou lendo livros de autoajuda podem não ajudar com a ansiedade: isso pode não estar lidando com a amígdala. Se você quer que a amígdala mude sua reação a um objeto, animal (por exemplo, um rato) ou situação (como uma multidão barulhenta), ela precisa ter experiências com o objeto ou a situação para que um novo aprendizado ocorra. A experiência é mais eficaz quando a pessoa interage diretamente com o objeto ou a situação, embora observar outra pessoa tenha se mostrado capaz de afetar a amígdala

(Olsson, Nearing e Phelps, 2007). Você pode tratar a amígdala racionalmente por horas, mas se está tentando mudar a ansiedade com base na via da amígdala, essa tática não vai ser tão eficaz quanto alguns minutos de experiência direta.

Então, para mudar a resposta ao medo de sua amígdala a, digamos, um rato, você deve estar na presença de um rato para ativar os circuitos da memória ligados a roedores. Só então novas conexões podem ser estabelecidas. Como a amígdala aprende com base em associações, ela deve *experimentar* uma mudança nessas associações para que o circuito mude. Não é surpresa que, quando seus circuitos de memória com ratos são ativados, você sinta alguma ansiedade.

Infelizmente, pessoas em geral tentam evitar essas experiências, e isso impede que a amígdala forme novas conexões. Voltando ao exemplo do rato, você pode até tentar evitar *pensar* no animal, porque só o pensamento em um rato pode fazer a amígdala reagir, dando início a uma resposta de ansiedade. A amígdala tende a preservar reações emocionais aprendidas, evitando qualquer exposição ao gatilho, o que reduz a probabilidade de alterar aquele circuito emocional. Sendo a maior protetora da nossa sobrevivência, a amígdala é naturalmente cautelosa, e sua estrutura padrão é organizar respostas que reduzem sua exposição a gatilhos. Mas as respostas à ansiedade não vão mudar se a amígdala tiver sucesso em evitar gatilhos.

Você aceitou a ideia de que precisa ativar os circuitos da amígdala para gerar novas associações, então aprendeu uma lição importante. Gostamos da expressão concisa "ativar para gerar" como resumo dessa exigência, que talvez seja a lição mais desafiadora na linguagem da amígdala. É desafiadora porque envolve aceitar a experiência da ansiedade como necessária para que um novo aprendizado ocorra. Ao se envolver em experiências que ativam a memória da amígdala de algo ou alguma situação específicos, você se comunica com essa estrutura cerebral em sua própria linguagem e a deixa na melhor situação para a formação de novos circuitos e a ocorrência de novo aprendizado.

RESUMO

Neste capítulo, você aprendeu como a amígdala cria ansiedade como resultado de sensações que ela experimenta. Aprendeu que uma das principais funções da amígdala é protegê-lo e que ela cria memórias das quais você não tem consciência, mas, em vez disso, experimenta como reações emocionais. A amígdala tem um sistema de resposta imediato que pode assumir o controle de seu corpo e de seu cérebro quando sente que você está em perigo. Mas também pode aprender com suas experiências, e você pode usar a própria linguagem de associações da amígdala para criar novas conexões. Nos capítulos sete e oito, vamos demonstrar como reestruturar a amígdala para que ela reaja de um jeito calmo. Se você sofreu por anos com os mistérios da ansiedade com base na via da amígdala, isso vai proporcionar uma sensação incrível de empoderamento.

Capítulo 3
Como o córtex gera ansiedade

Embora a via da amígdala seja muito poderosa em sua habilidade de ativar diversas reações físicas instantaneamente, a ansiedade também pode ter suas origens no caminho do córtex, que funciona de um jeito completamente diferente da amígdala, mas suas respostas e circuitos podem estimular a amígdala a produzir ansiedade. No processo, o córtex pode criar uma ansiedade desnecessária e também piorar a ansiedade originada nesta via. Depois que você entende como seu córtex dá início à ansiedade ou contribui para ela, pode ver as possibilidades de interromper ou modificar reações do córtex para reduzir sua ansiedade.

ORIGENS DA ANSIEDADE NO CÓRTEX

O córtex pode dar início à ansiedade de duas maneiras. A primeira envolve como o córtex processa informação sensorial, como imagens e sons. Como já discutimos, o tálamo dirige informação sensorial para o córtex, assim como para a amígdala. Enquanto o córtex processa essa informação, ele pode entender que sensações perfeitamente seguras são ameaçadoras. Ele então envia uma mensagem para a amígdala que pode produzir ansiedade. Nesse caso, o córtex transforma uma experiência um tanto neutra, que não iria ativar naturalmente a amígdala, em ameaça, fazendo com que a amígdala reaja criando uma resposta de ansiedade.

Por exemplo: um aluno do último ano do Ensino Médio que tinha se candidatado para diversas faculdades olhou sua correspondência e viu um envelope de uma delas. Imaginando que era uma carta de rejeição, o rapaz teve alguns momentos muito ansiosos antes de abrir o envelope. Na verdade, ele tinha sido aceito e ganhado até uma bolsa de estudos. Mesmo assim, seu córtex iniciou uma resposta de ansiedade interpretando a imagem do envelope de um jeito que criou pensamentos estressantes, e esses pensamentos ativaram sua amígdala. Esse tipo de ansiedade com base no córtex depende da interpretação que ele faz da informação sensorial que recebe.

A segunda maneira como o córtex pode dar início a uma resposta de ansiedade ocorre sem o envolvimento de nenhuma sensação externa específica. Por exemplo, quando preocupações ou pensamentos estressantes são produzidos no córtex, isso pode ativar a amígdala a produzir uma resposta de ansiedade mesmo que a pessoa não tenha visto, ouvido ou sentido nada que seja perigoso de qualquer maneira. Um exemplo seriam pais de uma criança que deixam o filho com uma babá para saírem para jantar e, de repente, começam a ter preocupações sobre a segurança da criança. Embora ela esteja perfeitamente segura, os pais imaginam que ela esteja em dificuldades ou sendo negligenciada pela babá. Pensamentos e imagens como essas podem ativar a amígdala mesmo não havendo informação sensorial indicando perigo.

FUSÃO COGNITIVA

Antes de examinarmos essas duas maneiras pelas quais o córtex gera ansiedade, queremos tratar de um processo que pode ocorrer em ambas: *fusão cognitiva*, ou acreditar na verdade absoluta de meros pensamentos. Esse é um dos maiores problemas criados pelo córtex, que pode produzir uma crença rígida de que pensamentos e emoções devem ser tratados como se refletissem uma realidade definitiva que não pode ser questionada. Tanto o aluno do Ensino Médio quanto os pais preocupados nos exemplos anteriores podem ter sido vítimas da fusão cognitiva levando seus pensamentos e imagens negativos a sério demais.

Confundir um pensamento com realidade é um processo muito sedutor devido à tendência do córtex de acreditar que ele sabe o verdadeiro significado de todo pensamento, emoção ou sensação física. Na verdade, o córtex é surpreendentemente propenso a erros e a interpretações equivocadas. É comum ter pensamentos errados, irreais ou ilógicos, ou experimentar emoções que não fazem muito sentido. Na verdade, você não precisa levar a sério todo pensamento ou emoção que tenha. Você pode permitir que muitos pensamentos e emoções simplesmente passem sem atenção ou com análises indevidas. No capítulo 11, vamos discutir a fusão cognitiva detalhadamente, ajudar você a avaliar se é propenso a ela e fornecer estratégias que vão ajudá-lo a se acalmar diante de pensamentos.

ANSIEDADE QUE SURGE INDEPENDENTEMENTE DE INFORMAÇÃO SENSORIAL

Agora, vamos observar mais a fundo as maneiras diferentes pelas quais o córtex pode dar o pontapé inicial da ansiedade. Primeiro vamos levar em conta o tipo de ansiedade que começa com pensamentos ou imagens produzidos pelo córtex, sem nenhuma informação de seus sentidos. Na verdade, há duas subcategorias nesse processo — com base em pensamentos e com base em imagens —, e cada uma delas surge em um hemisfério diferente do córtex, com ansiedade com base em pensamentos vinda do hemisfério esquerdo e ansiedade com base em imagens vinda do direito. Dito isso, esses dois tipos de ansiedade induzida pelo córtex não são mutuamente excludentes. Na verdade, eles frequentemente ocorrem juntos.

Ansiedade com base no hemisfério esquerdo

Pensamentos aflitivos são mais propensos a virem do lado esquerdo do córtex, que é o hemisfério dominante para a linguagem na maioria das pessoas. O raciocínio lógico produzido no hemisfério esquerdo destaca tanto preocupações quanto ruminação verbal (Engels et al., 2007). Preocupação é o processo de visualizar resultados negativos para uma situação. *Ruminação* é um estilo de pensar que envolve refletir repetidamente sobre problemas, relacionamentos ou possíveis conflitos. Na ruminação, há um foco intenso nos detalhes e causas ou efeitos possíveis das situações (Nolen-Hoeksema, 2000). Embora as pessoas acreditem que processos de pensamento como preocupação ou ruminação vão levar a uma solução, o que acontece, na verdade, é um reforço dos circuitos do córtex que geram ansiedade. Além disso, comprovou-se que a ruminação leva à depressão (Nolen-Hoeksema, 2000).

Qualquer coisa que o faça dedicar muito tempo pensando nela ou em seus detalhes tem mais chances de ser reforçado no córtex.

Os circuitos no cérebro operam sob o princípio da "sobrevivência do mais ocupado" (Schwartz e Begley, 2003, 17), e qualquer circuito que você use repetidamente provavelmente vai ser ativado com muita facilidade no futuro. Isso significa que, em vez de levar a soluções, os processos de preocupação e ruminação criam sulcos profundos em seu processo de pensamento que podem fazer com que você se concentre nessas preocupações em seu hemisfério esquerdo. Às vezes, as pessoas se perdem na análise repetida de situações, criando uma experiência chamada de *apreensão ansiosa* (Engels et al., 2007). Conforme esses pensamentos persistentes e preocupantes são ensaiados repetidamente na mente, torna-se extremamente difícil descartá-los. Esse tipo de pensamento é especialmente comum em pessoas com transtorno generalizado de ansiedade e transtorno obsessivo-compulsivo.

Ansiedade com base no hemisfério direito

A habilidade humana de imaginar situações em detalhes vem do hemisfério direito do córtex, que aborda o mundo de maneira diferente da leitura do hemisfério esquerdo, analítico e verbal. O hemisfério direito não é verbal e processa as coisas de maneira mais holística e integrada. Ele nos ajuda a ver padrões, reconhecer rostos e identificar e exprimir emoções. Ele também nos proporciona imagens visuais, imaginação, devaneios e intuição. Graças a essas capacidades, ele pode contribuir com ansiedade com base em imaginação e visualização.

Quando você imagina visualmente algo assustador, usa seu hemisfério direito para isso. Quando ouve o tom crítico de acusações em sua imaginação, seu hemisfério direito está envolvido. Se você é particularmente bom em usar a imaginação, pode esperar que sua amígdala responda. Ela pode se tornar extremamente ativada quando o hemisfério direito cria imagens assustadoras.

Pesquisas sugerem que o hemisfério direito é fortemente conectado com sintomas de ansiedade (Keller et al., 2000). Na verdade, ele é mais fortemente associado que o hemisfério esquerdo com o tipo de ansiedade na qual uma pessoa sente forte agitação e medo intenso (Engels et al., 2007). Por exemplo, pessoas com síndrome do pânico são mais propensas a sentir ansiedade com base no hemisfério direito (Nitschke, Heller e Miller, 2000). Assim, quando você está sentindo uma ansiedade forte e provocante em oposição à ansiedade apreensiva ou com base em preocupação, é mais provável que o lado direito de seu córtex esteja ativado. *Vigilância*, um estado geral de alerta no qual todo o ambiente é examinado à procura de indicações de perigo, também tem base no hemisfério direito (Warm, Mathews e Parasuraman, 2009).

ANSIEDADE QUE SURGE DAS INTERPRETAÇÕES DO CÓRTEX DE INFORMAÇÃO SENSORIAL

Agora, vamos nos voltar ao outro tipo de ansiedade com base no córtex descrito no início do capítulo: ansiedade que surge das *interpretações* do córtex de informação sensorial, que para além disso é neutra. Às vezes, você pode estar em uma situação perfeitamente segura, mas seu córtex responde à informação sensorial como se fosse perigosa ou perturbadora. Uma informação vinda de seus sentidos via tálamo ganha significado por meio da forma como os circuitos do córtex processam e interpretam essa informação. Vamos revisitar o exemplo do aluno do Ensino Médio que achou estar sendo rejeitado por uma faculdade, mas na verdade ganhou uma bolsa de estudos. Seu córtex havia interpretado um envelope como fonte de notícias estressantes e o transformado em um objeto muito assustador.

Os lobos frontais do córtex humano têm uma capacidade bem desenvolvida de contemplar acontecimentos futuros e imaginar suas consequências. Isso frequentemente é muito útil, com o córtex produzindo interpretações que nos permitem responder bem a diversas situações. Entretanto, problemas começam quando o córtex reage repetidamente de maneiras que produzem ansiedade. Seja devido a certas experiências de aprendizado, processos fisiológicos específicos ou, mais frequentemente, uma combinação dos dois, os circuitos do córtex podem responder de maneiras que promovem preocupação, pessimismo e outros processos interpretativos negativos. (Vamos discutir isso com mais detalhes na parte três do livro.)

Se seu córtex interpreta uma situação perfeitamente segura como ameaçadora, você vai sentir ansiedade. Pense em Damon, que está andando com seu cachorro pela vizinhança. Ele vê um caminhão dos bombeiros seguindo na direção de sua casa com luzes e sirene ligados e interpreta que isso significa que sua casa está pegando fogo. Como resultado, ele começa a sentir uma ansiedade tremenda. A causa de sua ansiedade é a interpretação de seu córtex sobre o significado do caminhão dos bombeiros e não o caminhão dos bombeiros em si. (A figura 5 ilustra o processo.)

Acontecimento　　　　Interpretação　　　　Emoção

Ver o caminhão dos bombeiros ▶ Minha casa está pegando fogo ▶ Ansiedade

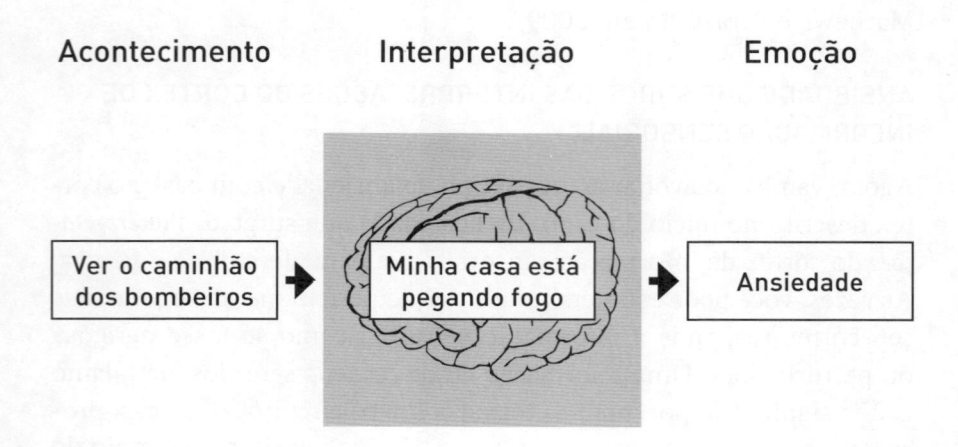

Figura 5: Como as interpretações do córtex podem gerar ansiedade

A figura 5 deixa claro que o pensamento produzido no córtex de Damon, não o acontecimento real de ver o caminhão dos bombeiros, foi o que criou sua ansiedade. Na verdade, do local onde ele se encontra é impossível ter alguma informação que confirme que sua casa, ou a casa de qualquer pessoa, esteja pegando fogo, então não há razão racional para ver o caminhão dos bombeiros e sentir ansiedade. Deve ser razoável para seu córtex chegar à conclusão de que pode haver um incêndio, mas existem outras explicações, como um acidente ou uma emergência médica que nada tem a ver com um incêndio na casa de Damon. Mas, em vez de levar em conta essas opções, Damon imagina que sua casa esteja em chamas. Como resultado, seu hemisfério esquerdo começa a funcionar pensando em como um incêndio podia ter começado: *Eu posso ter deixado o forno ligado* ou *A fiação é muito antiga. Talvez um curto-circuito tenha dado início ao incêndio*. Enquanto isso, seu hemisfério direito está criando imagens de sua cozinha envolta em chamas. Sua amígdala provavelmente vai reagir a esse tipo de pensamento e imagem, e, em resposta, Damon pode correr para casa em pânico, embora não haja ameaça real à sua casa. Sua interpretação é a fonte de toda a ansiedade.

ANTECIPAÇÃO: O DOM DO CÓRTEX HUMANO

Como o córtex humano tem a habilidade de prever acontecimentos futuros e imaginar suas consequências, experimentamos antecipação, que é tanto uma bênção como uma maldição. A *antecipação*, que se refere a expectativas em relação ao que vai ocorrer, tem base na habilidade do córtex de começar a se preparar para um acontecimento futuro pensando nele ou visualizando-o. Ela ocorre fundamentalmente no córtex pré-frontal (que fica atrás da testa) no lado esquerdo e mais verbal. O córtex pré-frontal esquerdo é a parte do cérebro na qual planejamos e realizamos ações, então não é surpresa que a antecipação surja aqui, pois trata-se de se preparar para agir de determinada maneira. Podemos antecipar de maneiras positivas e nos sentir empolgados e ávidos em relação a um acontecimento vindouro. Entretanto, também podemos antecipar de maneiras negativas. Isso pode nos causar muita aflição.

A antecipação de acontecimentos negativos cria imagens e pensamentos ameaçadores, que podem aumentar a ansiedade de maneira significativa. Na verdade, a experiência da antecipação frequentemente é mais aflitiva que o próprio acontecimento antecipado! Em muitos casos, os pensamentos e imagens que as pessoas têm de uma situação vindoura, como uma confrontação em potencial, uma prova ou uma tarefa que tem que ser completada, são muito piores do que as situações verdadeiras se revelam ser.

Como você pode ver, a capacidade do córtex de usar linguagem, produzir imagens e imaginar o futuro permite que ele dê início a uma resposta de ansiedade na amígdala mesmo quando não existe razão para a ansiedade. As pessoas geralmente acham mais fácil reconhecer o papel do córtex na criação de ansiedade do que o papel da amígdala. Isso acontece porque somos mais capazes de observar e entender a linguagem de pensamentos e imagens produzidos no córtex. Algumas partes do córtex estão mais diretamente sob nosso controle que a amígdala, e somos mais capazes de interromper e mudar imagens e pensamentos criados pelo córtex. Dito isso, não queremos sugerir que controlar o córtex seja fácil. Seu córtex determinou certos padrões de resposta e, depois de desenvolver esses hábitos, pode ser um desafio interrompê-los e mudá-los. Mas eles podem ser mudados, e vamos explicar como você pode fazer isso na parte três do livro.

O ÚLTIMO PASSO NO CAMINHO DO CÓRTEX PARA A ANSIEDADE: A AMÍGDALA

A discussão da via do córtex não está completa até tratarmos do papel do componente final nesse caminho: a amígdala. Sozinho, o córtex não pode produzir uma resposta de ansiedade; a amígdala e outras partes do cérebro são necessárias para esse processo. Na verdade, pessoas sem uma amígdala funcional, seja devido a um derrame, doença ou ferimento, não experimentam medo da mesma forma que a maioria das pessoas.

Considere o caso de uma mulher cujas duas amígdalas foram destruídas por uma doença grave, a síndrome de Urbach-Wiethe (Feinstein et al., 2011). Sua história oferece um vislumbre de como é a vida sem a resposta de medo da amígdala. Ela pode ser exposta a aranhas ou cobras ou assistir a cenas apavorantes de filmes de terror sem sentir medo. Mais impressionante ainda, ao longo de sua vida, ela foi assaltada à mão armada e também quase foi morta durante uma agressão, mas não experimentou medo em nenhuma dessas situações. Na verdade, ela foi vítima de uma variedade de crimes, provavelmente porque não tem a cautela que resultaria de uma amígdala funcional. Suas experiências ilustram que a amígdala é a fonte da resposta de medo. Não importa que pensamentos, imagens ou expectativas sejam originários no córtex, muitos dos aspectos emocionais e fisiológicos da ansiedade ocorrem apenas quando o córtex ativa a amígdala.

A amígdala responde à informação repassada pelo córtex. Na verdade, a amígdala pode responder ao que *imaginamos* de forma muito semelhante à sua resposta ao que está realmente acontecendo. A informação com base em pensamentos ou imagens de perigos em potencial viaja pelos mesmos caminhos que a informação associada com percepções e interpretações reais. Como discutido antes, a amígdala processa quase instantaneamente a informação recebida diretamente de nossos sentidos através do tálamo. Após um atraso durante o qual o córtex processa e interpreta a informação, a amígdala também recebe informação do córtex. Neurocientistas ainda não sabem exatamente como a amígdala distingue se a informação recebida do córtex é válida ou tem base em uma imaginação hiperativa.

Vamos ver dois exemplos de como a amígdala pode responder a pensamentos ou imagens criados no córtex para examinar como a confiança da amígdala no córtex pode ser benéfica ou problemática. No primeiro exemplo, Charlotte está em casa uma noite quando escuta o som familiar de alguém entrando pela porta dos fundos. Ela escuta esse barulho toda noite quando seu marido chega em casa, então, a amígdala não responde ao som como um sinal de perigo. Mas Charlotte sabe *em seu córtex* que seu marido está fora, em uma viagem de pesca, e ninguém devia entrar pela porta dos fundos àquela hora. O córtex produz pensamentos de perigo e até uma imagem de um estranho entrando em sua casa. Esses pensamentos e imagens no córtex de Charlotte influenciam a amígdala a iniciar a resposta de luta, fuga ou congelamento. O coração de Charlotte se acelera e ela para o que está fazendo. Começa a hiperventilar e se concentra em conseguir ficar em segurança. Se há um intruso, essas reações podem salvar sua vida.

A amígdala de Charlotte não está respondendo ao som da porta. Está respondendo aos *pensamentos* de Charlotte de que pode haver um estranho na casa. Responder a informação do córtex permite que a amígdala se resguarde contra perigos que ela não reconhece. A amígdala conta com o córtex para lhe fornecer informação adicional. Mas às vezes a confiança da amígdala no córtex gera uma ansiedade desnecessária, como no próximo exemplo.

Agora, Charlotte está sozinha em casa mais uma vez, enquanto seu marido está viajando. Ela não escuta nada incomum, mas se sente desconfortável quando vai para a cama. Enquanto está deitada ouvindo a noite silenciosa, imagina alguém arrombando e entrando em sua casa. Ela imagina um intruso andando pela casa portando uma arma, e sua amígdala responde a essas imagens em seu córtex. Embora não haja evidências diretas de que ela esteja correndo algum perigo, a amígdala ainda responde à atividade em seu córtex iniciando a resposta de luta, fuga ou congelamento. De repente, Charlotte tem uma sensação terrível de medo. Sua respiração fica ofegante e ela sente que deve se esconder ou buscar ajuda, embora *perceba* não haver fortes indícios de perigo.

A amígdala de Charlotte está respondendo aos pensamentos e imagens em seu córtex como se eles refletissem perigo real, e cria uma resposta de medo muito real. Como você pode ver, a partir desses dois exemplos, aquilo em que você pensa e se concentra no córtex certamente afeta seu nível de ansiedade. Do ponto de vista da amígdala, pensamentos e imagens no córtex podem exigir uma resposta, mesmo que a própria amígdala não detecte perigo a partir da informação sensorial recebida mais diretamente. Ao reagir à informação do córtex, a amígdala pode dar início à resposta luta, fuga ou congelamento. E quando a amígdala se envolve, você começa a experimentar as sensações físicas associadas com a ansiedade.

Felizmente, diversas técnicas podem ser usadas para interromper e mudar os pensamentos e imagens com base no córtex com potencial de ativar a amígdala. Com prática, você pode reestruturar seu córtex para ficar menos propenso a ativar a amígdala. O primeiro passo é reconhecer quando o córtex está produzindo pensamentos ou imagens que podem levar à ansiedade. Quando você toma consciência desses pensamentos e de seus efeitos indutores de ansiedade, pode começar a reconhecer os pensamentos, identificar quando eles ocorrem e dar passos para mudá-los.

RESUMO

A essa altura, você está familiarizado com diversas maneiras com que a ansiedade pode ser iniciada no córtex. Você viu que a amígdala pode ser ativada por pensamentos do hemisfério esquerdo ou imagens do hemisfério direito. Também foi informado dos perigos da fusão cognitiva e aprendeu maneiras pelas quais as interpretações e a antecipação do córtex podem levar a amígdala a gerar ansiedade. Na parte três do livro, vamos examinar interpretações e reações específicas que podem levar à ansiedade e discutir estratégias que vão ajudar você a mudar pensamentos e imagens produzidos pelo córtex. Mas primeiro, no próximo capítulo, vamos ajudá-lo a refletir sobre diversos aspectos de sua ansiedade e identificar se ela tem sua principal origem no córtex ou na amígdala. Esse é um passo-chave para determinar como reestruturar seu cérebro para controlar sua ansiedade. Quando você identifica o ponto inicial de sua ansiedade, consegue aplicar as técnicas certas para lidar com o problema de modo eficaz.

Capítulo 4

Identificando a base de sua ansiedade:
a amígdala, o córtex ou os dois?

A ansiedade é uma resposta complexa que, na maioria dos casos, envolve diversas áreas do cérebro. Enquanto a amígdala e o córtex têm seu papel, saber onde começa sua própria ansiedade pode ser útil. Isso determina que estratégias vão ser mais eficazes para reduzi-la. Neste capítulo, vamos ajudá-lo a avaliar se sua ansiedade tem base no córtex ou na amígdala, ou nos dois. Você também vai aprender mais sobre como seus pensamentos e reações ansiosos podem afetar você e sua vida.

ONDE COMEÇA SUA ANSIEDADE?

Com base nos capítulos anteriores, você agora sabe que, embora a amígdala seja a fonte neurológica da resposta da ansiedade, criando as sensações físicas de ansiedade e frequentemente interrompendo processos de pensamento com base no córtex, a ansiedade nem sempre começa na amígdala. Ela também pode começar no córtex, com pensamentos e imagens mentais que ativam a amígdala. Se você fica ansioso quando vê um cachorro rosnando e começa a hiperventilar, está vivenciando uma ansiedade da via da amígdala. Se está nervoso, andando de um lado para outro enquanto antecipa uma ligação importante no telefone, essa seria uma ansiedade iniciada no córtex. Entender onde e como começa sua ansiedade vai permitir que você adote a abordagem mais eficaz para interromper o processo.

É importante lembrar que quando a ansiedade começa na amígdala, intervenções com base no córtex, como a lógica e o raciocínio, nem sempre ajudam a reduzi-la. A ansiedade com base na amígdala frequentemente pode ser identificada por certas características; por exemplo, ela parece vir do nada, cria fortes respostas fisiológicas e parece desproporcional à situação. Quando a ansiedade começa na amígdala, você precisa usar a linguagem da amígdala para modificá-la. Na parte dois do livro, "Assumindo o controle de sua ansiedade com base na amígdala", você vai conhecer as intervenções que têm maior eficácia na redução da ansiedade iniciada na amígdala.

Se, por outro lado, você sabe que sua ansiedade começou no córtex, uma abordagem mais eficaz é mudar seus pensamentos e imagens para reduzir a ativação resultante da amígdala. Você vai aprender a fazer isso na parte três deste livro, "Assumindo o controle de sua ansiedade com base no córtex". Reduzir o número de vezes que seu córtex faz com que sua amígdala seja ativada vai reduzir sua ansiedade em geral.

O resto deste capítulo consiste em avaliações informais que vão ajudá-lo a analisar e a descrever suas respostas de ansiedade típicas e, assim, a determinar a origem de sua ansiedade. Observe que não são exercícios profissionais; elas são fornecidas apenas para ajudá-lo a explorar suas tendências com base na amígdala e no córtex.

ANSIEDADE COM BASE NO CÓRTEX

Vamos começar tratando da ansiedade gerada por circuitos no córtex. Certos tipos de ativação no córtex, frequentemente experimentados como pensamentos ou imagens, podem acabar por fazer com que a amígdala ative a resposta do estresse, junto com seus sintomas desagradáveis. A variedade de ativações com base no córtex é enorme, mas todas têm a mesma consequência em potencial: fazer com que você corra o risco de sentir ansiedade. A avaliação vai fornecer mais entendimento sobre algumas das maneiras mais comuns por meio das quais o caminho do córtex pode iniciar a ansiedade e vai ajudá-lo a identificar qual delas você experimenta. Geralmente, as pessoas não prestam muita atenção nos pensamentos e imagens específicos que ocorrem no córtex, por isso é essencial que você se torne mais vigilante e conhecedor do que está acontecendo em seu córtex. Ao aprender a reconhecer diferentes tipos de atividade do córtex que provocam ansiedade, você é capaz de modificá-los antes que eles cresçam e se tornem uma ansiedade generalizada. Vamos explicar como fazer isso na parte três do livro.

Exercício: Avaliando ansiedade com base no hemisfério esquerdo

Como explicado no capítulo três, o hemisfério esquerdo do córtex pode produzir um tipo de apreensão ansiosa que surge como uma tendência a se preocupar com o que vai acontecer e procurar repetidamente por soluções. Com esse tipo de ansiedade, as pessoas tendem a ruminar ou se concentrar intensamente em uma situação, ou sentir a necessidade de discutir repetidamente uma situação.

Leia os exemplos a seguir e marque aqueles que descrevem você:

___ Eu ensaio situações problemáticas em potencial na minha cabeça, pensando em várias maneiras como as coisas podem dar errado e como eu vou reagir a isso.

___ Frequentemente penso em situações do passado e imagino de que maneiras elas poderiam ter tido um resultado melhor.

___ Costumo ficar preso no processo de pensar diferentes maneiras de falar com alguém sobre preocupações ou outros tópicos.

___ Às vezes, simplesmente não consigo desligar um fluxo de pensamento negativo, e isso em geral impede que eu durma.

___ Acho reconfortante pensar em um problema criando infinitas possibilidades e perspectivas.

___ Eu me sinto muito melhor quando tenho solução para uma possível dificuldade, caso a situação surja.

___ Sei que costumo me apegar a dificuldades, mas é só porque estou tentando encontrar explicações para elas.

___ Tenho dificuldade de parar de pensar em coisas que me deixam ansioso.

Se você marcou vários dos itens, pode estar passando tempo demais concentrado em situações aflitivas e trazendo à mente pensamentos que aumentam seu nível de ansiedade. Embora seu hemisfério esquerdo possa estar procurando uma solução, um forte foco em dificuldades em potencial pode ativar a amígdala. Você pode estar perdendo muitas oportunidades de momentos livres de ansiedade pensando em problemas que talvez nunca aconteçam.

O hemisfério esquerdo nos proporciona algumas de nossas habilidades mais complexas e altamente desenvolvidas, e nós, humanos, não poderíamos ter criado o mundo tecnologicamente sofisticado em que vivemos sem suas contribuições. Mas a preocupação e a ruminação que ele cria não fornecem a solução para a ansiedade. Na parte três do livro, vamos olhar mais atentamente para diversas maneiras com as quais o hemisfério esquerdo contribui para a ansiedade. Vamos ajudá-lo a identificar tipos específicos de processos de pensamento que levam à ansiedade, como pessimismo, preocupação, obsessões, perfeccionismo, catastrofismo, culpa e vergonha, e vamos explicar como você pode mudar esses processos de pensamento.

Exercício: Avaliando a ansiedade com base no hemisfério direito

O hemisfério direito do córtex permite que você use sua imaginação para visualizar acontecimentos que não estão ocorrendo de verdade. Imaginar situações aflitivas pode ativar a amígdala. O foco do hemisfério direito em aspectos não verbais das interações humanas, como expressões faciais, tom de voz ou linguagem corporal, pode fazê-lo chegar a conclusões sobre essa informação. Por exemplo, é fácil dar demasiada importância a uma expressão facial ou gesto e presumir que alguém está com raiva ou decepcionado.

Leia as frases a seguir e marque as que você experimenta com frequência.

- ___ Visualizo situações problemáticas em potencial em minha mente, imaginando várias maneiras de as coisas darem errado e como os outros vão reagir a isso.
- ___ Fico muito atento ao tom de voz das pessoas.
- ___ Quase sempre posso imaginar vários casos em que uma situação pode se revelar ruim para mim.
- ___ Costumo imaginar formas como as pessoas vão me criticar ou rejeitar.
- ___ Frequentemente imagino maneiras em que eu possa envergonhar a mim mesmo.
- ___ Às vezes vejo imagens de coisas terríveis acontecendo.

___ Confio em minha intuição para saber o que os outros estão sentindo e pensando.

___ Sou atento à linguagem corporal das pessoas e capto sugestões sutis.

Se você se identificou com muitas das frases, sua ansiedade pode ser aumentada por uma tendência a imaginar situações assustadoras ou confiar em interpretações intuitivas dos pensamentos das pessoas, que podem não ser precisas. Esses processos com base no hemisfério direito podem fazer com que sua amígdala responda como se você estivesse em uma situação perigosa, quando, na verdade, não existe ameaça. Diversas estratégias, incluindo jogos, exercícios, meditação e imaginação podem ser úteis para aumentar a ativação do hemisfério esquerdo, produzindo emoções positivas e aquietando o hemisfério direito. Vamos discutir essas estratégias nos capítulos seis, nove, dez e onze.

Exercício: Identificando ansiedade resultante de interpretações

No capítulo três, discutimos como a interpretação de acontecimentos e situações e a resposta de outras pessoas podem levar à ansiedade. Quando isso acontece, o córtex está criando ansiedade desnecessária. Ela está sendo produzida não pela situação, mas pela forma como o córtex está interpretando a situação.

Para determinar se seu córtex tem a tendência de transformar situações neutras em fontes de ansiedade, leia a lista a seguir e marque os itens que se aplicam a você.

___ Tenho tendência a esperar o pior.

___ Acho que interpreto os comentários das pessoas de forma muito pessoal.

___ Tenho problemas para aceitar o fato de que cometo erros, então me castigo quando isso acontece.

___ Tenho dificuldade de dizer "não" porque não gosto de desapontar as pessoas.

___ Quando vivo algum revés, acho isso insuportável e tenho vontade de desistir.

— Quando tenho dificuldade de encontrar alguma coisa, penso que nunca vou encontrá-la.

— Costumo me concentrar em qualquer defeito em minha aparência.

— Quando uma pessoa faz uma sugestão, não consigo deixar de considerá-la uma crítica.

Se você marcou muitas das frases da lista, as interpretações fornecidas por seu córtex provavelmente estão aumentando sua ansiedade. Muitas pessoas acreditam que certas situações são a causa de sua ansiedade, mas a ansiedade sempre começa no cérebro, não com a situação. A ansiedade é uma emoção humana, produzida pelo cérebro humano, e as emoções são causadas pelas reações da mente a situações, não pelas situações em si. As pessoas têm reações diferentes ao mesmo acontecimento devido a suas interpretações diferentes. Por exemplo, ver um lobo na floresta pode ser aterrorizante para uma pessoa que está acampada, mas encantar o público em um zoólogo. A forma como seu córtex interpreta os acontecimentos pode obviamente ter um forte impacto sobre quanta ansiedade você experimenta. Nos capítulos dez e onze você vai aprender a resistir a interpretações que produzem ansiedade.

Exercício: Avaliando sua ansiedade com base em antecipação

Quando você antecipa um acontecimento, está usando seu córtex para pensar ou imaginar o futuro. Se esses acontecimentos têm o potencial de ser negativos, a antecipação pode servir para aumentar a ansiedade. Como ocorre com a ansiedade com base no hemisfério esquerdo, isso pode gerar preocupações com coisas que talvez nunca aconteçam. E mesmo que o acontecimento se concretize, você pode começar a acalentá-lo muito antes que ocorra ou que você precise estar preocupado com ele. Então, em vez de experimentar o acontecimento uma única vez, você o experimenta repetidamente antes que ele ocorra.

Aqui há algumas frases que refletem uma tendência a antecipar. Leia a lista e marque as que se aplicam a você.

___ Se sei que há um conflito em potencial à espreita, passo muito tempo pensando nisso.

___ Penso sobre coisas que as pessoas podem dizer que iriam me aborrecer.

___ Quase sempre penso em diversas maneiras pelas quais uma situação pode se revelar ruim para mim.

___ Quando sei que alguma coisa pode dar errado, isso não sai da minha mente.

___ Posso me preocupar muito com alguma coisa meses antes que ela aconteça.

___ Se vou ter de me apresentar ou falar diante de um grupo, não consigo parar de pensar nisso.

___ Se há potencial para perigo ou doença, sinto como se precisasse pensar nisso.

___ Frequentemente perco tempo pensando em soluções para problemas que nunca acontecem.

Se você tem uma tendência a antecipar acontecimentos negativos, está criando mais ansiedade em sua vida do que o necessário. Tenha em mente que todo mundo experimenta situações difíceis na vida, portanto não há necessidade de viver esses eventos no córtex quando nada negativo ocorre. Abordaremos estratégias para modificar seus pensamentos no capítulo 11.

Exercício: Avaliando sua ansiedade com base em obsessões

Quando as pessoas têm obsessões (pensamentos ou dúvidas repetitivos e incontroláveis), talvez acompanhadas de compulsões (atividades ou rituais desempenhados em um esforço para reduzir a ansiedade), esses comportamentos surgem no córtex e são abastecidos pela ansiedade da amígdala. Obsessões, que são em grande parte produto do lobo frontal do córtex, têm sido ligadas à ativação excessiva dos circuitos no córtex orbitofrontal, uma área logo atrás dos olhos (Zurowski et al., 2012)

Leia as frases a seguir, que refletem obsessões e compulsões, e marque as que se aplicam a você.

___ Dedico muito pensamento a manter as coisas em ordem ou a fazer tarefas corretamente.

___ Fico preocupado em verificar ou organizar coisas até acreditar que elas estão certas.

___ Sou assombrado por certas dúvidas das quais não consigo escapar.

___ Tenho preocupação com contaminação e germes.

___ Tenho alguns pensamentos que acho inaceitáveis.

___ Preocupo-me em agir por urgências que me vêm à mente.

___ Fico preso em uma certa ideia, dúvida ou pensamento e não consigo superá-los.

___ Tenho rotinas que preciso cumprir para que as coisas pareçam certas.

Se você se identificou com vários itens, pense se você está gastando muito de seu tempo se concentrando em pensamentos ou atividades que o mantêm preso a padrões que conservam sua ansiedade por longo prazo e roubam seu tempo precioso. Pensamentos obsessivos podem ocorrer sem comportamentos compulsivos, mas frequentemente compulsões se formam quando uma pessoa acha que esses comportamentos fornecem alívio temporário da ansiedade. Infelizmente, embora as compulsões não ajudem a longo prazo, elas podem ser mantidas pela amígdala devido ao alívio temporário da ansiedade posterior. Portanto, lidar com obsessões e compulsões normalmente exige uma abordagem que tenha como alvo a amígdala e também o córtex. Vamos discutir maneiras de lidar com obsessões com base no córtex na parte três e explicar métodos de exposição que combatem compulsões abastecidas pela amígdala no capítulo oito.

ANSIEDADE COM BASE NA AMÍGDALA

Agora que você identificou as causas de sua ansiedade com base no córtex, vamos ajudá-lo a avaliar sua tendência em direção à ansiedade iniciada na amígdala. Toda vez que você sente ansiedade ou medo, a amígdala está envolvida. Entretanto, as avaliações a seguir vão ajudá-lo a identificar experiências nas quais sua resposta de ansiedade é *originada* na amígdala. Quando você sabe o ponto inicial, pode escolher abordagens que vão controlar melhor sua ansiedade. Se os circuitos na própria amígdala são o que iniciou o sentimento, estratégias que tenham o córtex como alvo vão ser fúteis. Na parte dois do livro, vamos apresentar diversas estratégias úteis para controlar a ansiedade com base na amígdala, incluindo técnicas de relaxamento, exposição a objetos ou situações temidos, prática de atividade física e melhoria de seus padrões de sono.

Para determinar se uma resposta de ansiedade específica teve origem na amígdala ou no córtex, você precisa levar em conta o que estava acontecendo antes de sentir ansiedade. Se estava se concentrando em pensamentos ou imagens específicos, isso sugere que sua ansiedade começou no córtex. Se, por outro lado, você sente que um objeto, local ou situação específico provocou uma resposta de ansiedade imediata, a amígdala tem mais chances de ser a origem.

Exercício: Avaliando sua experiência de ansiedade sem explicação

Quando sua ansiedade parece inexplicada ou surge do nada e você não é capaz de encontrar uma boa razão para isso, sua amígdala provavelmente é a causa. Você pode dizer com honestidade "Não sei por que estou me sentindo assim; não faz sentido", porque nenhum de seus pensamentos ou experiências atuais justificam a sensação. Como observamos, a amígdala frequentemente responde sem que você tenha nenhuma consciência do que está acontecendo, e as respostas que ela cria são frequentemente intrigantes.

Leia as frases a seguir, que refletem uma ansiedade inexplicável, e marque as que se aplicam a você.

___ Às vezes, meu coração se acelera sem nenhum motivo aparente.

___ Quando visito outras pessoas, frequentemente quero ir para casa, embora as coisas estejam correndo bem.

___ Frequentemente não me sinto no controle de minhas reações emocionais.

___ Não sei explicar a razão de minhas reações em muitas situações.

___ Tenho ondas repentinas de ansiedade que parecem vir do nada.

___ Não me sinto confortável indo a certos lugares, mas não tenho nenhuma boa razão para sentir isso.

___ Frequentemente sinto um pânico inesperado.

___ Normalmente não consigo identificar os gatilhos de minha ansiedade.

Como observamos, você pode não ter acesso às memórias da amígdala. Como resultado, quando sua amígdala reage, você pode não ter ideia de ao que ela está reagindo ou por quê. A boa notícia é que mesmo quando você não entende por que sua amígdala está respondendo, você pode escolher entre uma variedade de técnicas que ajudam a acalmá-la e reestruturá-la.

Exercício: Avaliando sua experiência de resposta fisiológica rápida

Quando a amígdala é a fonte de sua ansiedade, você fica mais propenso a ter alterações fisiológicas perceptíveis como um dos primeiros sinais dela. Antes que você tenha tempo de pensar ou mesmo de processar totalmente a situação, pode experimentar um coração pulsante, sudorese e boca seca. Como a amígdala é fortemente estruturada para energizar o sistema nervoso simpático, ativar músculos e liberar adrenalina na corrente sanguínea, ter sintomas fisiológicos como o primeiro sinal de ansiedade é um bom indicador de que você está lidando com a via ansiosa da amígdala.

Leia as frases a seguir, que refletem respostas fisiológicas rápidas, e marque as que se aplicam a você.

___ Sinto o coração acelerado mesmo quando não há razão óbvia para isso.

___ Passo da calma ao pânico completo em questão de segundos.

___ De repente, sinto como se o ritmo de minha respiração não parecesse certo.

___ Às vezes, me sinto tonto ou como se estivesse prestes a desmaiar, e essas sensações surgem rapidamente.

___ Meu estômago se embrulha e me sinto imediatamente nauseado.

___ Tomo consciência de meu coração porque tenho dor ou desconforto no peito.

___ Começo a suar sem que esteja me exercitando.

___ Não sei o que acontece comigo. Simplesmente começo a tremer sem aviso.

Se você marcou muitas dessas frases, que refletem respostas fisiológicas fortes e rápidas, sua ansiedade pode ter origem na reatividade da amígdala. Quando você experimenta essas respostas, pode supor que uma ameaça real está presente, mas sua amígdala pode estar reagindo a um gatilho que não é um indicador preciso de perigo, por isso lembre-se que uma *sensação* de perigo não indica necessariamente a presença de uma ameaça. Pense em usar essas respostas fisiológicas como indicador de que você deve empregar as estratégias sugeridas na parte dois deste livro.

Exercício: Avaliando sua experiência de sensações ou comportamentos agressivos não planejados

Uma tendência à agressividade tem base no elemento lutar da resposta de luta, fuga ou congelamento. Enquanto algumas pessoas querem recuar e evitar conflitos ou situações ameaçadoras, outras tendem a ter respostas agressivas. O sentimento de ameaça repentina pode deixá-los propensos a ter raiva e a agredir os outros. Essa resposta agressiva, que tem suas raízes na natureza protetora da amígdala, é especialmente característica de pessoas com transtorno de estresse pós-traumático.

Leia as frases a seguir, que refletem sentimentos ou comportamento agressivos não planejados, e marque as que se aplicam a você.

___ Explodo inesperadamente em certas situações.

___ Frequentemente preciso fazer algo físico para expressar minha frustração.

___ Fui agressivo e depois percebi que minha resposta foi forte demais.

___ Explodo com os outros sem muito alerta.

___ Sinto que sou capaz de machucar alguém quando estou sob estresse.

___ Não quero ser agressivo com as pessoas, mas não consigo evitar.

___ Familiares e amigos sabem que devem ser cautelosos perto de mim.

___ Quando fiquei aborrecido, quebrei ou arremessei objetos.

Se você marcou várias dessas frases, que refletem uma tendência a mostrar sinais de agressividade ansiosa, as intervenções com base na amígdala da parte dois do livro vão ser úteis. As tentativas de sua amígdala ativar uma resposta agressiva podem parecer atraentes, mas você pode exercer controle sobre como você dirige seu comportamento. Exercícios físicos regulares podem ajudar a deter esse tipo de resposta, e dar uma breve caminhada para sair de uma situação ameaçadora pode ajudar a satisfazer a vontade de tomar uma atitude imediata.

Exercício: Avaliando sua experiência de incapacidade de pensar com clareza

Quando você se vê não só ansioso, mas também incapaz de se concentrar ou dirigir o foco de sua atenção, esse é um forte indicador de ansiedade com base na amígdala. Quando a amígdala entra em cena, ela supera o controle da atenção do córtex e assume o comando. Quando você experimenta o controle de seu cérebro com base nessa via, se sente incapaz de controlar seus pensamentos. Lembre-se, de um ponto de vista evolucionário, a capacidade da amígdala de assumir o controle quando detecta perigo ajudou nossos ancestrais distantes a sobreviver. Portanto, a amígdala manteve essa capacidade. Ainda assim, é ao mesmo tempo desconcertante e frustrante perder temporariamente a habilidade de decidir em que se concentrar ou no que pensar.

Leia as frases a seguir, que refletem uma incapacidade de pensar com clareza, e marque as que se aplicam a você.

___ Quando estou sob pressão, minha mente se esvazia e eu não consigo pensar.

___ Sei que quando estou ansioso não sou capaz de me concentrar no que preciso fazer.

___ Quando fico nervoso, costumo não conseguir me concentrar muito bem.

___ Quando gritam comigo, não consigo pensar em resposta.

___ Quando me sinto em pânico, frequentemente é difícil me concentrar no que preciso fazer.

___ Mesmo quando tento me acalmar, é difícil me distrair de como meu corpo está se sentindo.

___ Quando estou com medo, às vezes me dá um branco total sobre o que devo fazer em seguida.

___ Durante uma prova, frequentemente não consigo me lembrar do que aprendi, mesmo quando estou preparado.

Se você marcou várias dessas frases, frequentemente enfrenta situações em que fica impossibilitado de pensar. As conexões da amígdala com o córtex podem influenciar como a atenção é dirigida, e indícios sugerem que pessoas que experimentam altos níveis de ansiedade frequentemente têm conexões mais fracas entre o córtex e a amígdala (Kim et al., 2011). Estratégias com base no córtex para lidar com a ansiedade geralmente não são muito úteis quando a amígdala é ativada. Algumas das estratégias discutidas na parte dois do livro, como respirar fundo ou relaxar, vão ser úteis mesmo quando seus processos de pensamento estiverem limitados pela ativação da amígdala.

Exercício: Avaliando sua experiência de reações extremas

Se suas reações frequentemente parecem exageradas ou desproporcionais à situação, sua amígdala provavelmente está por trás desse padrão de resposta extrema. Ela pode estar assumindo o controle e agindo para protegê-lo de um perigo que ela percebe, mas que você reconheceria, em um momento mais calmo, que não era necessária uma resposta tão forte. Um dos tipos mais intensos de resposta extrema é um ataque de pânico (discutido mais profundamente no capítulo cinco), mas há outros. Em todos os casos, essas respostas extremas são causadas pela ativação da resposta de luta, fuga ou congelamento quando ela não é necessária. Lembre-se: a abordagem típica da amígdala é "melhor prevenir que remediar", e ela é programada para reagir rápida e fortemente – mesmo quando não tem certeza dos detalhes envolvidos em possíveis ameaças.

Leia as frases a seguir, que refletem um padrão de respostas extremas, e marque as que se aplicam a você.

___ Às vezes, minha ansiedade é tão forte que tenho medo de estar enlouquecendo.

___ Fico paralisado com o nível de ansiedade que experimento.

___ Outras pessoas me disseram que reajo de forma exagerada.

___ Não suporto quando algo está fora do lugar ou desorganizado.

___ Às vezes já me perguntei se estou tendo um ataque cardíaco ou um AVC.

___ Às vezes perco a calma e fico enfurecido.

___ Coisas pequenas, como um inseto ou pratos sujos, podem me deixar em pânico completo.

___ Às vezes, as coisas ao meu redor não parecem reais e eu tenho medo de estar enlouquecendo.

Se você marcou várias dessas frases, provavelmente está sofrendo de ativação excessiva da amígdala. Como observamos antes no livro, algumas amígdalas são mais reativas que outras, mesmo muito cedo na vida. Infelizmente, crianças com amígdalas reativas não aprendem necessariamente estratégias com base nessa via para lidar com sua ansiedade, e o resultado frequentemente são padrões arraigados de reações excessivas ou aversão extrema. Mas, como você já sabe, nunca é tarde demais para a amígdala aprender a responder de forma diferente.

RESUMO

Na primeira metade deste capítulo, você avaliou sua tendência a experimentar ansiedade com base no córtex e determinou se processos de pensamentos específicos estão contribuindo para sua ansiedade. Na segunda metade do capítulo, avaliou se é propenso a experiências de ansiedade com base na amígdala: preocupação inexplicável, respostas fisiológicas rápidas, sentimentos ou comportamentos agressivos não planejados, incapacidade de pensar com clareza e respostas extremas. Agora que você tem uma ideia melhor de onde se origina sua ansiedade — no córtex, na amígdala ou nos dois —, está pronto para examinar mais de perto a natureza de cada tipo de ansiedade e aprender técnicas que vão ajudá-lo a minimizar ou controlar cada episódio específico.

Parte 2
Assumindo o controle de sua ansiedade com base na amígdala

Capítulo 5
A resposta ao estresse e aos ataques de pânico

Nesta seção do livro, vamos nos concentrar no papel da amígdala na produção de uma resposta de ansiedade e examinar a influência do caminho da amígdala com mais detalhes. A amígdala está sempre envolvida na criação de uma resposta de ansiedade, seja essa resposta iniciada nela mesma ou no córtex. Portanto, entender a amígdala vai ajudar qualquer um que tenha ansiedade. Como as sensações de ansiedade surgem quando a amígdala cria uma resposta ao estresse, começamos pela descrição da resposta ao estresse. O conhecimento dessa resposta e de como ela é controlada pela amígdala é essencial para entender o poder do medo e da ansiedade e como se livrar disso.

No capítulo um, observamos que uma área da amígdala, o núcleo central, pode dar início a uma resposta de luta, fuga ou congelamento, causando um número incrível de mudanças no corpo em um instante, e que essas mudanças estão além de nosso controle. Também explicamos, nos capítulos um e dois, que quando o núcleo central produz uma forte resposta de luta, fuga ou congelamento, sua habilidade de usar o córtex para pensar ou reagir é frequentemente limitada. Por isso, é fundamental ser capaz de reconhecer a resposta de luta, fuga ou congelamento *antes* que ela ocorra e aprender maneiras de responder a ela corretamente. Quando você a está vivenciando, sua capacidade de usar seu córtex para lidar com a ansiedade é reduzida.

A RESPOSTA AO ESTRESSE

O padrão de resposta de luta, fuga ou congelamento foi reconhecido pela primeira vez pelo psicólogo Walter Cannon (1929). Depois, nos anos 1930, o endocrinologista Hans Selye reconheceu que animais e humanos têm reações semelhantes a uma ampla gama de fatores estressantes. Nossos corpos geralmente respondem de maneiras específicas a determinadas situações. Por exemplo, nossas pupilas se contraem com luz forte, mas se dilatam quando está escuro, e trememos em temperaturas baixas, mas suamos quando está quente. Selye, que estava estudando ratos, descobriu que eles produziam respostas corporais semelhantes em uma ampla gama de situações estressantes (Sapolsky, 1998). Claro que as situações eram específicas para ratos de laboratório: receber injeções repetidas vezes, cair por acidente no chão, ser perseguido com uma vassoura e assim por diante (Selye, em seus primeiros dias, era um experimentador canhestro!). Entretanto, todos esses acontecimentos pareciam criar as mesmas reações fisiológicas nos ratos.

Selye tinha identificado um conjunto de respostas programadas que ocorre em animais quando eles estão sob estresse. Essas respostas são características de muitos animais, incluindo aves, répteis e mamíferos. Humanos frequentemente se consideram superiores aos animais, mas em termos de respostas programadas nós operamos de forma muito semelhante a outras espécies de vertebrados; temos respostas fisiológicas programadas parecidas que nos permitem reagir rapidamente em situações de perigo. Estejamos sendo perseguidos por ursos, sendo convidados para dançar em uma festa ou vivendo a demissão de um emprego, nossos corpos reagem de um jeito surpreendentemente semelhante a como reage o corpo de um rato sendo perseguido por alguém com uma vassoura.

Hoje, muitas décadas depois e graças a extensas pesquisas neurofisiológicas, essa reação, que Selye chamou de *resposta ao estresse*, teve sua origem ligada ao núcleo central da amígdala. A resposta ao estresse produz um conjunto previsível de mudanças fisiológicas, incluindo aumento dos batimentos cardíacos e pressão arterial, respiração acelerada, pupilas dilatadas, aumento repentino do fluxo sanguíneo para as extremidades, digestão lenta e transpiração aumentada. Todas essas mudanças são resultado da ativação do sistema nervoso simpático e da liberação de hormônios do estresse, como o cortisol e a adrenalina. A resposta de luta, fuga ou congelamento é uma forma específica, aguda e intensa da resposta ao estresse. Essas mudanças fisiológicas são pré-programadas em nós, o que significa que não precisamos aprendê-las. Como discutido na parte um do livro, elas são muito úteis para escapar do perigo, e muitos de nossos ancestrais provavelmente foram salvos por essas respostas rápidas e automáticas, que lhes permitiram escapar das mandíbulas de um predador ou combater um inimigo.

Agora, acrescente a essa resposta o fato de que a amígdala é capaz de identificar uma situação como perigosa em pouquíssimo tempo, antes que o resto do cérebro saiba exatamente o que está acontecendo. Outros tipos de processamento, como percepção, pensamento e recuperação de memórias do córtex, podem levar mais tempo para acontecer. Você pode ver as vantagens significativas de ser capaz de identificar de forma subconsciente se uma situação é perigosa ou segura e responder de acordo, antes que o processamento da situação por outras partes do cérebro esteja completo. Isso pode salvar sua vida! Pense em Jason, que estava atravessando a rua com sua filha pequena durante o inverno quando um carro que se aproximava atingiu uma área congelada. O motorista não conseguia parar o veículo, que derrapou perigosamente na direção deles. Sem pensar e rapidamente, Jason agarrou a filha e saltou para além do caminho do carro — antes mesmo que percebesse estar fazendo isso.

Para que seja veloz e automática o bastante para ser eficaz, a resposta ao estresse *não pode* estar baseada nos processos de raciocínio complexo que nós humanos temos tanto orgulho de possuir. Ela precisa operar mais rápido do que permitiriam circuitos com base no córtex, ou pode ser tarde demais!

Exercício: Reconhecendo a resposta ao estresse em suas reações de ansiedade

Quais das experiências a seguir ocorrem quando você está se sentindo ansioso? Leia a lista e marque as que se aplicam a você.

— Taquicardia

— Respiração acelerada

— Mal-estar estomacal

— Diarreia

— Tensão muscular

— Desejo de fugir ou de se retirar

— Transpiração

— Dificuldade de concentração

— Imobilização

— Tremores

Todos os sintomas citados podem ser ligados à ativação da resposta ao estresse descoberta por Selye. Você pode se perguntar por que é importante reconhecer esses sintomas como ligados à resposta de luta, fuga ou congelamento. Uma razão essencial é que eles podem estar envolvidos em um ciclo vicioso no qual aumentam a ansiedade. Muitas pessoas que lutam contra a ansiedade interpretam essas reações de forma equivocada, como se fossem um indicativo de que algo ruim está acontecendo ou vai acontecer. Quando sentem o coração acelerado, podem acreditar erroneamente que estão tendo um ataque cardíaco. Por outro lado, elas podem ser convencidas de que essas sensações indicam que o perigo é iminente. Mas, na verdade, os sintomas que estão experimentando são perfeitamente normais e simplesmente significam que a amígdala entrou em ação.

A resposta ao estresse é essencial na tarefa de nos preparar para responder imediatamente a situações de emergência. Infelizmente, ela nem sempre é útil para responder às ameaças que enfrentamos hoje. Ritmo cardíaco acelerado, transpiração e fluxo sanguíneo para as extremidades não são especialmente úteis quando seu chefe lhe diz para aumentar a produtividade sob risco de demissão. Elas não vão ajudar se você receber um aviso de atraso de pagamento de sua hipoteca ou se sua filha adolescente começar a discutir com você. Mas essas reações fisiológicas estão programadas em você, e quando o núcleo central as ativa, você tem de lidar com elas.

O PAPEL DO NÚCLEO CENTRAL DA AMÍGDALA

O núcleo central da amígdala é como uma chave de ignição. Quando essa pequena porção da amígdala recebe um sinal do núcleo lateral, indicando perigo, ela ativa a resposta ao estresse enviando mensagens para muitas outras partes do cérebro — tornando a amígdala um *player* bem conectado nos processos cerebrais. Uma das partes mais importantes do cérebro à qual ele é conectado é o hipotálamo, uma região do tamanho de um amendoim, que controla uma variedade de processos corporais, inclusive o metabolismo, a fome e o sono.

Devido à sua conexão com o hipotálamo, o núcleo central pode dar início à liberação de adrenalina, um hormônio que aumenta os batimentos cardíacos e a pressão sanguínea, e de cortisol, um hormônio que faz com que a glicose seja liberada na corrente sanguínea como uma dose rápida de energia. Ele também é capaz de ativar o sistema nervoso simpático, que pode efetuar mudanças rápidas, sem consciência ou controle. O cérebro é organizado de uma forma que o processamento no caminho da amígdala ocorre em milésimos de segundo. Muitos estudos realizados com ratos e camundongos, que compartilham do mesmo sistema de resposta ao estresse, aumentaram muito nossa compreensão desses processos da amígdala (LeDoux, 1996).

Uma coisa que essa pesquisa revelou com clareza é que, quando a resposta ao estresse é ativada, os sinais da amígdala podem influenciar e dominar o funcionamento do cérebro em todos os níveis, algo descrito por Joseph LeDoux (2002, 226) como "uma tomada hostil da consciência pela emoção". Pode ser desanimador saber que suas habilidades mais claras de pensamento e insights pessoais são basicamente desabilitados por estruturas cerebrais antigas que criam respostas relacionadas ao medo. É frustrante perceber que, às vezes, seu córtex criterioso pode ser totalmente contido pela amígdala. Mas quando você tem esse conhecimento, pode usá-lo a seu favor. A chave é entender que muitas das estratégias para lidar com isso, como dizer a si mesmo para parar de ter medo ou que não há razão lógica para estar ansioso, não vão deter a ativação da resposta ao estresse quando ela é iniciada. Nesses momentos, em vez disso, é necessário usar estratégias que tenham a amígdala como alvo. Os próximos capítulos da parte dois vão explicar essas abordagens em detalhes.

QUANDO O PÂNICO ATACA

Sem dúvida, a resposta excessiva mais desagradável ao estresse é o ataque de pânico. Ataques de pânico, uma dificuldade comum enfrentada por muitas pessoas com transtornos de ansiedade, também têm suas raízes na ativação do núcleo central. Esses episódios de agitação extrema, ou às vezes terror, fúria ou imobilização, são acompanhados por um coração pulsando forte ou acelerado, suor, maior frequência respiratória e, muitas vezes, tremores. Pessoas durante um ataque de pânico podem sentir o desejo de investir contra alguém (luta), uma necessidade enorme de sair correndo (fuga) ou uma total incapacidade de agir (congelamento). Outros sintomas possíveis incluem reações do sistema nervoso simpático, como tontura, náusea, dormência, formigamento, aperto no peito, sensação de estar sendo sufocado, dificuldade de engolir ou ondas de calor ou frio. Além disso, as pupilas se dilatam, fazendo com que o mundo fique muito iluminado, e o tempo pode parecer passar mais devagar.

Poucas experiências na vida são tão desagradáveis e devastadoras quanto um ataque de pânico. Na verdade, eles são tão perturbadores que algumas pessoas temem estar perdendo o controle, enlouquecendo ou prestes a morrer. Os sintomas em geral duram de um a trinta minutos, mas podem voltar em ondas, e não são apenas assustadores, mas também exaustivos.

Ataques de pânico ocorrem tipicamente quando a amígdala responde a uma deixa ou gatilho do qual você pode não estar consciente. Basicamente, um ataque de pânico é seu corpo acionando a resposta de luta, fuga ou congelamento em um momento inoportuno devido a uma reação excessiva da amígdala, frequentemente em resposta a alguma espécie de gatilho que não representa perigo real. Claro, se houvesse algum tipo de perigo verdadeiro, você precisaria das respostas físicas que está experimentando, que o ajudariam a se esconder, fugir ou lutar, de modo que essas reações físicas não seriam excessivas.

O núcleo central pode provocar um ataque de pânico sem nenhum envolvimento das áreas pensantes do cérebro, então, da perspectiva do córtex, ataques de pânico parecem acontecer do nada. Entretanto, como a amígdala está reagindo a algum tipo de gatilho quando dá início a um episódio assim, é comum que as pessoas tenham ataques repetidas vezes nos mesmos lugares ou em lugares semelhantes, como em uma multidão, no carro, na igreja ou em uma loja. Embora o gatilho possa ser difícil de ser identificado, alguma coisa ativou a amígdala e deu início à crise.

A maior parte das pessoas tem um ou dois ataques de pânico na vida, e para a maioria delas esses incidentes são apenas uma inconveniência assustadora. Pessoas que experimentam crises assim repetidamente são frequentemente diagnosticadas com síndrome do pânico. Quando o indivíduo começa a antecipar e a temer ter ataques de pânico e passa a evitar lugares onde viveu episódios semelhantes no passado, ele pode desenvolver sintomas de *agorafobia* — um temor de experimentar o medo que surge em situações nas quais há uma sensação de impossibilidade de escapar. Nessa condição extremamente debilitante, inúmeros lugares parecem inseguros. Ao evitar situações que podem despertar o pânico, pessoas com agorafobia reduzem seu mundo, em uma tentativa equivocada de se protegerem. A agorafobia tem o potencial de confinar pessoas em casa, ou, se a fobia sai do controle, até mesmo em um quarto.

A tendência a ter ataques de pânico deve-se, ao menos em parte, à genética, e a ciência já começou a buscar pelos genes específicos envolvidos nesse fenômeno (Maron, Hettema e Shlik, 2010). Partindo dessa afirmação, sabemos que algumas pessoas herdaram geneticamente uma tendência para que a amígdala reaja desse jeito. Além disso, ataques de pânico podem ser causados por mudanças ou estresses significativos na vida, como formaturas, mudanças de emprego, morte na família, casamentos, divórcios e outros acontecimentos transicionais. Mulheres são a maior parte das pessoas que experimentam ataques de pânico, mas essa estatística pode ser resultado da subnotificação dos pacientes do sexo masculino.

Algumas pessoas que têm ataques de pânico tentam lidar com eles de maneiras não saudáveis, como abusando do álcool ou de outras drogas. Essas estratégias podem agir como um curativo sobre o problema, porém não vão alterar os circuitos do cérebro de maneira útil. Mas não se desespere! Mesmo que você tenha herdado uma amígdala reativa e propensa a ataques de pânico, pode usar a linguagem da amígdala para assumir o controle.

Exercício: Avaliando se você experimentou um ataque de pânico

A lista a seguir pode ajudar você a identificar se já teve um ataque de pânico. Se já experimentou muitas das respostas dessa lista ao mesmo tempo, provavelmente estava tendo um episódio. Na hora, você pode não ter reconhecido a experiência como o que era de fato: uma reação extrema resultante da ação do núcleo central ao ativar o sistema nervoso simpático e disparar a liberação de adrenalina. Ao pensar na lista de sintomas, você vai perceber claramente a influência do sistema nervoso simpático numa crise de pânico:

- Coração batendo forte ou acelerado
- Sensação de pânico ou horror
- Suor
- Hiperventilação
- Tontura
- Necessidade de fugir
- Tremores
- Náuseas
- Dormência ou formigamento
- Necessidade de atacar
- Vontade de ir ao banheiro
- Ondas de frio ou de calor
- Sentimentos de paralisia
- Aperto ou desconforto no peito
- Uma sensação de irrealidade
- Dificuldade para engolir
- Medo de enlouquecer
- Respiração entrecortada

Ajudando sua amígdala a passar pelo pânico

Você pode se perguntar qual é a melhor maneira de lidar com um ataque de pânico. Se, de repente, estiver no meio de uma crise, há três estratégias, com base na amígdala, para lidar com ela: respiração profunda, relaxamento muscular e exercícios. Elas não podem interromper imediatamente toda a ativação que o cérebro criou no seu corpo, mas vão minimizar seu desconforto e reduzir a duração da crise.

Respiração profunda: Uma das melhores coisas a fazer quando você está tendo um ataque de pânico é respirar lentamente. Alguns dos sintomas, como formigamento ou tontura, estão diretamente relacionados com a hiperventilação, ou respirar rápido demais. Um bom começo é respirar fundo e lentamente de modo a expandir o peito e o diafragma. (O diafragma é um músculo que percorre o torso, abaixo dos pulmões.) Respirar lentamente reduz o processo de ativação da amígdala. Vamos discutir técnicas de respiração com mais detalhes no capítulo seis.

Relaxamento muscular: A amígdala responde à tensão muscular, e músculos tensos parecem aumentar sua ativação. Aprender e praticar técnicas de relaxamento muscular com diligência vai ajudá-lo tanto a encurtar um ataque de pânico quanto a torná-lo menos frequente. Também vamos discutir técnicas de relaxamento muscular com mais detalhes no capítulo seis.

Exercícios físicos: Encorajamos você a andar de um lado para outro ou a se exercitar durante um ataque de pânico. Isso vai consumir o excesso de adrenalina em seu sistema e deve ajudar a encurtar a duração da crise. Lembre-se: seu organismo está preparado para lutar ou fugir, por isso esforço físico é exatamente o que seu corpo está pronto para fazer. No capítulo nove vamos discutir os benefícios dos exercícios com mais detalhes.

Uma questão extremamente importante: quando você se sentir em pânico, é importante resistir à vontade de fugir da situação. Apesar de ser uma experiência assustadora e desagradável, um ataque de pânico *não vai machucá-lo fisicamente*. Na verdade, as sensações que você está experimentando são sinais de um corpo saudável e reativo. Escapar da situação pode fazer você se sentir melhor a curto prazo, mas, a longo prazo, isso vai reforçar o poder dos ataques de pânico e torná-los mais difíceis de superar. Se possível, tente relaxar, respire fundo e não fuja da situação. Embora isso seja mais fácil de dizer que de fazer, é essencial para que se tenha algum controle sobre sua amígdala, já que ela aprende com a experiência. Se você foge, sua amígdala vai aprender que deve fugir em vez de entender que aquele cenário é seguro. Essa é uma questão de extrema importância e vamos voltar a ela no capítulo oito.

Ajudando seu córtex a superar o pânico

Seu córtex não pode criar diretamente um ataque de pânico; são necessárias a amígdala e outras estruturas do cérebro para pôr esse processo em movimento. Mas o córtex pode criar as condições para que um ataque de pânico seja gerado ou agravado. Muitas vezes, os pensamentos que as pessoas estão tendo as expõem a uma ideia maior de risco para que a amígdala entre em ação e intensifique ou crie uma crise de pânico. Portanto, as seguintes estratégias podem ser úteis, especialmente antes que um ataque de pânico se instale.

Lembre-se de que sua sensação é apenas **isso (mesmo que seja muito intensa):** Quando a resposta de luta, fuga ou congelamento é ativada e você experimenta sintomas físicos, a interpretação do córtex desses sintomas pode fazer com que sua ansiedade saia do controle. Se você pensar que os sintomas significam que você está tendo um ataque cardíaco, que vai perder o controle sobre si mesmo ou vai enlouquecer, isso só vai piorar o ataque de pânico. Reconhecer que você está no meio de uma crise e, além disso, não acreditar na interpretação equivocada que o córtex faz de seus sintomas com base na amígdala vai ajudá-lo a se recuperar mais rapidamente.

Não foque nos ataques de pânico: Uma das melhores maneiras para evitar um ataque de pânico é parar de pensar nele. Estar preocupado com o pânico e antecipar constantemente se, quando ou onde um deles pode ocorrer torna mais provável que as crises sejam recorrentes. Portanto, é essencial impedir que seu córtex dedique pensamento demais ao episódio ou mesmo aos seus sintomas físicos. Quando você está ansioso, focar em uma sensação corporal, como suor na palma das mãos ou taquicardia, pode levar a outros pensamentos que provocam ansiedade e podem se transformar em um ataque de pânico.

Distraia-se: A distração é outra ferramenta com base no córtex a ser usada contra um ataque de pânico. Como o córtex pode se concentrar nos sintomas e piorar a crise, tente pensar em outra coisa — qualquer coisa. (No capítulo 11, vamos fornecer mais orientações sobre o uso da distração.)

Não se preocupe com a opinião dos outros: As pessoas que têm ataques de pânico frequentemente acreditam que todo mundo está olhando para elas ou que, de algum modo, vão passar vergonha. Se você sente sintomas de pânico, tente não deixar que seu córtex especule o que outras pessoas podem estar pensando. Outras pessoas provavelmente não vão saber que você está passando por isso ou não vão ligar. Se preocupar com o que os outros pensam só cria estresse adicional quando você já está experimentando uma das reações mais desconfortáveis possíveis ao estresse.

Embora as dicas anteriores possam ser úteis na prevenção de ataques de pânico, a eficácia de abordagens com base no córtex é limitada quando uma crise, de fato, se inicia. Em um ataque de pânico completo, você provavelmente vai estar ansioso demais para pensar com clareza porque a amígdala assume o controle e inibe a via do córtex. Nesses momentos, a única solução é respirar lentamente, tentar relaxar e se distrair enquanto espera que o ataque passe. A boa notícia é que ele sempre passa. Se há outras pessoas presentes, a melhor coisa que elas podem fazer por você é lembrá-lo de respirar fundo e relaxar seus músculos, que vão estar naturalmente se tensionando devido à adrenalina. Se alguém puder ajudá-lo a usar estratégias de relaxamento, você provavelmente vai se surpreender com a própria capacidade de reduzir o pânico mais rapidamente.

Em nenhuma circunstância dê ouvidos a pessoas que dizem que está tudo em sua cabeça ou que você devia simplesmente superar isso. Ataques de pânico são causados por uma reação excessiva da amígdala. Eles são uma realidade biológica e não vão passar com o uso da racionalização pela via do córtex. Quando o núcleo central dá início a um ataque de pânico, você precisa usar as estratégias para lidar com isso, mencionadas neste capítulo, e que vamos discutir mais a fundo nos capítulos seis e nove. Elas vão ajudá-lo a superar a crise. Pode ser uma experiência extremamente desconfortável, mas lembre-se: você não está em perigo, e o pânico na verdade não está lhe causando nenhum mal.

NÃO CONGELE: TREINANDO A AMÍGDALA PARA RESISTIR À EVASÃO

Se sua amígdala parece programada para produzir congelamento ou imobilidade em vez das respostas mais ativas de lutar ou fugir, você corre um risco particular de se tornar introvertido ou evitar pessoas. Isso pode levar a tendências imobilizadoras ou mesmo à agorafobia — aquele medo do medo que mencionamos antes, que pode restringir seriamente sua vida. Para minimizar essa tendência, é necessário se envolver em respostas ativas ao invés de passivas.

Uma pesquisa (LeDoux e Gorman, 2001) mostrou que é possível evitar os caminhos responsáveis pela resposta do congelamento, que vão do núcleo central da amígdala ao tronco encefálico na parte de trás do cérebro, acima da coluna vertebral. Fazer isso exige desviar o fluxo de informação que deixa o núcleo lateral da amígdala. Em vez de viajar para o núcleo central, a informação do núcleo lateral é enviada para o núcleo basal da amígdala, que promove respostas ativas.

Trocar para esse caminho alternativo exige o uso de uma estratégia ativa para lidar com o pânico (LeDoux e Gorman, 2001). Quando você fica preso no "congelar" da resposta de luta, fuga ou congelamento, se envolver em estratégias para lidar com o pânico pode reprogramar sua amígdala a parar de escolher uma resposta passiva. Inicialmente, é importante apenas fazer alguma coisa — qualquer coisa. Você pode não se sentir capaz de realizar tarefas complicadas ou exigentes, mas não se permita congelar ou ficar imóvel como um coelho assustado, porque isso vai reforçar os circuitos por trás das respostas passivas. Encontre algo ativo que você possa fazer, mesmo que seja apenas ligar para alguém. Na verdade, atividades sociais que envolvem interações agradáveis com outras pessoas, ou atividades simples e prazerosas que o distraiam de suas preocupações, podem impedir que sua amígdala crie respostas caracterizadas por congelamento, evasão e imobilização.

Pense em Patrícia, que frequentemente se sentia em pânico demais para ir trabalhar e, portanto, ficava paralisada toda manhã. Ela geralmente ficava na cama e sentia que de algum modo era errado fazer qualquer coisa agradável, já que ela não era capaz de trabalhar. Mas quando começou a ser mais ativa nesses momentos, ligar para amigos ou familiares ou fazer algo simples e agradável como montar um quebra-cabeça, ela descobriu que, no fim das contas, frequentemente conseguia ir para o trabalho, mesmo que atrasada. Ela estava alterando a amígdala para ter uma resposta mais ativa, tornando-a menos propensa a se envolver em um comportamento de evasão pelo resto do dia.

RESUMO

Você aprendeu sobre a natureza e o propósito da resposta ao estresse e sua versão mais intensa, a resposta de luta, fuga ou congelamento. Você deve entender a importância de não interpretar uma resposta ao estresse como se ela significasse que perigos verdadeiros, físicos ou externos, estejam presentes. Embora essa resposta seja intrinsecamente aflitiva, especialmente quando ela acontece em sua forma mais extrema — um ataque de pânico —, você agora tem novas maneiras de pensar sobre isso e neutralizá-la. Também sabe que respostas ativas são necessárias para superar a inclinação em direção à evasão. Se sua amígdala tende a usar respostas ativas (lutar), respostas evasivas (fugir) ou respostas passivas (congelar), ela é capaz de aprender alternativas com o seu estímulo. Saber que a amígdala pode ser treinada para responder de formas mais benéficas é muito poderoso. Nos capítulos a seguir, você vai aprender a usar uma variedade de estratégias, incluindo relaxamento (capítulo seis), exposição (capítulo oito) e exercícios (capítulo nove), para ajudar sua amígdala a responder de maneiras novas, dando a você mais controle sobre sua vida.

Capítulo 6
Colhendo os benefícios do relaxamento

Em sua vida diária ou quando está envolvido ativamente nas técnicas de exposição descritas nos capítulos sete e oito, acreditamos que você vai achar práticas de relaxamento extremamente valiosas na redução da ansiedade. Quando você se sente ansioso, outras pessoas podem tentar ajudá-lo a se sentir melhor dizendo a você para não se preocupar, que tudo vai ficar bem ou que você não tem razão para estar ansioso. Você pode tentar essa estratégia consigo mesmo. O problema com esta abordagem é que quando tenta usar processos de pensamento e lógica para lidar com sensações de ansiedade, você está contando com métodos com base no córtex. Sozinho, o córtex não pode reduzir a resposta ao estresse por dois motivos principais. Primeiro, como observamos, o córtex não tem muitas conexões diretas com a amígdala. Segundo, a iniciadora da resposta ao estresse é a amígdala. Portanto, intervenções que têm a amígdala como alvo são mais diretas e eficazes no alívio da ansiedade.

Ao ativar o sistema nervoso simpático (SNS) e estimular a liberação de adrenalina e cortisol, o núcleo central pode aumentar instantaneamente o ritmo cardíaco e a pressão sanguínea, dirigir o fluxo sanguíneo para as extremidades e desacelerar o processo digestivo. Pense em Jane, que precisava fazer uma palestra. Ela se viu tremendo, com o coração batendo forte e uma sensação desconfortável no estômago. Esses processos espontaneamente ativados, sejam descritos como ansiedade, resposta ao estresse ou resposta de luta, fuga ou congelamento, resultam de atividades cerebrais que não são conscientes.

Entretanto, a falta de consciência não significa que não temos nenhum controle sobre esses processos. Por exemplo, embora não controlemos conscientemente o ritmo de nossa respiração na maior parte do tempo, podemos modificá-lo deliberadamente se escolhermos fazer isso. Diversas técnicas foram desenvolvidas para ativar o sistema nervoso parassimpático (SNP), que reverte muitos dos efeitos criados pelo núcleo central com a ativação do SNS. Como mencionado no capítulo um, enquanto a ativação do SNS gera a resposta de luta, fuga ou congelamento, a ação do SNP é frequentemente chamada de "descansar e digerir". Ele desacelera os batimentos cardíacos e aumenta a secreção de sucos gástricos e insulina, assim como a atividade dos intestinos.

O SNP é mais propenso a ser ativado quando as pessoas estão relaxadas. Por isso os médicos frequentemente encorajam seus pacientes ansiosos a se envolverem em atividades que reforcem a tendência na direção da ativação do SNP e na redução da ativação do SNS. Treinamento de relaxamento é um dos principais métodos sugeridos para facilitar a ativação do SNP. Diversos estudos mostraram que técnicas que promovem relaxamento, como exercícios respiratórios e meditação, reduzem a ativação da amígdala (Jerath et al., 2012). Quando você reduz a ativação da amígdala, reduz a resposta do SNS, e, com prática, o SNP pode ser treinado e intervir.

TREINAMENTO DE RELAXAMENTO

O treinamento de relaxamento é reconhecido formalmente desde os anos 1930, quando o médico psiquiatra Edmund Jacobson (1938) desenvolveu um processo chamado de relaxamento muscular progressivo. Recentes estudos de imagens neurológicas identificaram mudanças reais no cérebro que ocorrem quando as pessoas praticam várias técnicas de relaxamento, inclusive meditação (Desbordes et al., 2012), canto (Kalyani et al., 2011), ioga (Froeliger et al., 2012) e exercícios respiratórios (Goldin e Gross, 2010). Esses estudos descobriram que muitas dessas abordagens reduzem quase imediatamente a ativação da amígdala, o que é uma boa notícia para pessoas que lutam contra a ansiedade. Nós apresentamos várias dessas técnicas neste capítulo e encorajamos você a tentar todas elas para descobrir quais funcionam melhor para você ou quais você prefere. Qualquer que seja a técnica que você decida praticar por longo prazo, saiba: há provas científicas apontando que você pode afetar diretamente a amígdala quando usa alguma delas.

A maioria das abordagens do relaxamento foca em dois processos físicos: respiração e relaxamento muscular. Indivíduos respondem de maneiras diferentes a várias estratégias de relaxamento, mas praticamente todos vão se beneficiar do treinamento de relaxamento, que é uma abordagem muito flexível, que pode ser usada em muitas situações e tem muitos efeitos benéficos, especialmente a curto prazo. A eficácia de estratégias de relaxamento frequentemente aparece em pouquíssimo tempo. O relaxamento também é um componente integrante de abordagens mais complexas da redução do estresse e da ansiedade, como a meditação e a ioga.

ESTRATÉGIAS COM FOCO NA RESPIRAÇÃO

Se você tirar alguns momentos agora mesmo para cuidar de sua respiração, pode ser capaz de demonstrar para si mesmo alguns dos efeitos básicos do relaxamento. Respire fundo, fazendo questão de expandir os pulmões enquanto inspira profunda e lentamente. Não prenda a respiração. Deixe-se expirar naturalmente. Algumas pessoas sentem uma redução da ansiedade quase imediatamente quando fazem isso por alguns minutos. Apenas alterar sua respiração e adotar um ritmo mais lento de respirar fundo já pode ser calmante e aliviar o estresse.

As pessoas tendem a, inconscientemente, prender a respiração ou a manter uma frequência respiratória insuficiente quando estão em algum evento estressante. Diversas técnicas de respiração podem ajudar você a manter deliberadamente uma respiração profunda, reduzir a frequência cardíaca e combater o processo fisiológico que surge com a ativação do SNS. A seguir, apresentamos algumas que são bastante eficazes.

Exercício: Respirando fundo e devagar

A primeira técnica é basicamente o mesmo que descrevemos acima: respirar fundo e devagar. Pratique isso agora, respirando fundo algumas vezes. Inspire fundo e devagar, e expire tudo. Não force sua respiração; em vez disso, inspire e expire delicadamente. Não importa se você respira pela boca ou pelo nariz — simplesmente respire de um jeito confortável. Veja como a desaceleração e o aprofundamento de sua respiração o afetam. Isso tem um efeito calmante?

Nem todo mundo acha que respirar fundo e devagar tenha um efeito calmante. Dar mais atenção à respiração pode aumentar a ansiedade em algumas pessoas, especialmente aquelas com asma ou outras dificuldades respiratórias. Nesses casos, as pessoas podem ter um benefício maior com estratégias de relaxamento com foco na redução da tensão muscular ou que usem música ou movimento. Dito isso, a maioria das pessoas se surpreendem com a eficácia de alguns exercícios respiratórios simples na redução da ansiedade e no aumento da calma quase imediatamente. Muitos estudantes acham essa abordagem útil antes e durante provas. Motoristas nervosos a usam quando estão dirigindo, e pessoas claustrofóbicas frequentemente a acham útil quando estão em um espaço fechado. Além disso, a respiração está disponível em todas as situações. Você pode praticar respiração funda e lenta quase a qualquer hora e em qualquer lugar, e é completamente grátis.

Técnicas respiratórias para enfrentar a hiperventilação

Quando as pessoas estão ansiosas, ficam propensas a respirar de forma acelerada e entrecortada. Elas podem não obter oxigênio suficiente, o que gera uma sensação desconfortável. Outra consequência disso também pode ser a hiperventilação, resultante de expelir o dióxido de carbono rápido demais, resultando em níveis baixos de dióxido de carbono no sangue. Isso pode causar tontura, arrotos, uma sensação de irrealidade ou confusão e sensação de formigamento nas mãos, pés ou rosto.

A hiperventilação afeta o equilíbrio entre oxigênio e dióxido de carbono no corpo, e a amígdala detecta isso instantaneamente. Corrigir esse desequilíbrio usando técnicas respiratórias deliberadas envia um sinal para a amígdala relaxar. Pense em Toni, que achou que seus sentimentos de tontura e formigamento eram apenas parte da própria ansiedade. Quando entendeu que estava experimentando os resultados da hiperventilação, ela descobriu que podia reduzir esses sintomas simplesmente cuidando da respiração.

Pessoas que estão hiperventilando frequentemente são instruídas a desacelerar deliberadamente a respiração ou respirar dentro de um saco de papel. O saco captura o dióxido de carbono da expiração; portanto, respirar o ar da bolsa aumenta a quantidade de dióxido de carbono inspirada e gera uma resposta na corrente sanguínea.

É um método muito eficaz de reverter a tontura e outros sintomas de ansiedade.

Respiração diafragmática

Um método específico de respiração conhecido como *diafragmático* ou *respiração abdominal* é recomendado por sua eficácia, em particular na ativação do sistema nervoso parassimpático (Bourne, Brownstein e Garano, 2004). Esse tipo de respiração ajuda a acionar uma resposta de relaxamento no corpo. Nessa técnica, você respira mais com o abdome do que com o peito, e o movimento do diafragma (o músculo embaixo dos pulmões) tem um efeito massageador no fígado, no estômago e até no coração. Acredita-se que esse tipo de respiração tenha efeitos benéficos em muitos dos nossos órgãos.

Exercício: Respiração diafragmática

Para a respiração diafragmática, sente-se confortavelmente e ponha uma das mãos sobre o peito e a outra sobre o estômago. Respire fundo e veja qual parte de seu corpo se expande. Respiração diafragmática eficaz vai fazer sua barriga crescer quando você inspirar e retroceder quando expirar. Seu peito não deve se mexer muito. Tente se concentrar em respirar fundo de um jeito que expanda seu estômago quando você encher seus pulmões de ar. Muitas pessoas tendem a encolher a barriga quando inspiram, o que impede que o diafragma se expanda para baixo com eficácia.

Alterando padrões respiratórios com prática regular

Técnicas saudáveis de respiração podem se tornar algo natural com a prática. Preste atenção no seu padrão habitual de respiração e trabalhe consistentemente para alterá-lo. Praticar essas técnicas em sessões curtas de cinco minutos pelo menos três vezes ao dia pode aumentar sua consciência de seus hábitos respiratórios e ajudar você a treinar para respirar de maneiras mais saudáveis e eficazes.

Tente também perceber momentos em que está prendendo a respiração, com a respiração entrecortada ou hiperventilando, então faça esforço para adotar um padrão respiratório melhor. A respiração é uma resposta corporal essencial que você pode controlar e, no processo, reduzir a ativação da amígdala e seus efeitos. Com a prática, você vai descobrir que a respiração saudável se torna uma ferramenta valiosa que alivia muitos sintomas que você podia achar que eram parte de sua ansiedade.

ESTRATÉGIAS DE RELAXAMENTO FOCADAS NOS MÚSCULOS

O segundo componente da maioria dos programas de treinamento de relaxamento é o relaxamento muscular, que também funciona para se opor à ativação com base na amígdala do sistema nervoso simpático. O SNS cria uma tensão muscular maior porque suas fibras ativam os músculos na preparação para a resposta. Embora os problemas que enfrentamos hoje raramente sejam coisas contra as quais lutar ou das quais fugir, a tensão muscular é programada no sistema nervoso e as pessoas se sentem rígidas e aflitas por sua causa. Por sorte, assim como com a respiração, você pode mudar sua tensão muscular deliberadamente. Além disso, relaxar seus músculos pode promover a resposta do SNP que você quer aumentar.

As pessoas geralmente não sabem que a tensão muscular aumenta como resultado da ansiedade com base na amígdala. Entretanto, se você observar a si mesmo, pode descobrir que frequentemente cerra os dentes ou tensiona os músculos do estômago sem razão aparente. Certas áreas do corpo parecem mais vulneráveis como repositórios da tensão muscular, incluindo o maxilar, a testa, os ombros, as costas e o pescoço. Tensão muscular constante consome energia e pode deixar as pessoas nervosas e exaustas no final do dia. O primeiro passo para reduzir a tensão muscular é descobrir que áreas de seu corpo costumam ficar tensas quando você está ansioso. O próximo exercício vai ajudá-lo a fazer exatamente isso.

Exercício: Fazendo um inventário de sua tensão muscular

Neste exato momento, confira seu maxilar, língua e lábios para ver se estão relaxados ou tensos. Veja se a tensão muscular está pressionando sua testa. Verifique se seus ombros estão soltos, baixos e relaxados, ou tensos e erguidos na direção das orelhas. Algumas pessoas tensionam a barriga como se esperassem levar um soco a qualquer momento. Outras cerram as mãos ou encolhem os dedos dos pés.

Faça um breve inventário de todo o seu corpo para ver onde você está acumulando tensão neste momento.

Quando você descobre quais áreas de seu corpo são vulneráveis à tensão muscular, está preparado para aprender a relaxar essas áreas. Para começar, você pode achar útil experimentar a diferença entre sensações de tensão e relaxamento em seus músculos. O próximo exercício vai ajudá-lo a explorar isso.

Exercício: Explorando tensão *versus* relaxamento

A tensão frequentemente é experimentada como uma sensação de aperto e compressão. Em contraste, o relaxamento é em geral descrito como uma sensação solta e pesada. Para ajudar você a se sintonizar com sua própria experiência de tensão *versus* relaxamento, feche uma das mãos e aperte bem enquanto conta até dez. Em seguida, deixe essa mão relaxar permitindo que caia solta em seu colo ou sobre outra superfície. Compare a sensação da tensão que você experimentou enquanto apertava a mão com a sensação quando os músculos estão soltos e imóveis. Você percebe uma diferença? Além disso, compare a mão que você tensionou e relaxou com a outra mão e perceba se uma das mãos parece mais relaxada que a outra. Frequentemente, tensionar e soltar músculos ajudam a criar uma sensação de relaxamento nesses músculos.

Exercício: Relaxamento muscular progressivo

Uma das técnicas mais populares de relaxamento muscular é o *relaxamento muscular progressivo* (Jacobson, 1938), que envolve se concentrar em um grupo de músculos de cada vez. É uma prática de tensionar brevemente depois relaxar os músculos de um grupo, depois passar para o grupo de músculos seguinte, e assim sucessivamente até que todos os principais grupos de músculos estejam relaxados. Logo que você aprende o relaxamento muscular progressivo, pode levar trinta minutos para completar todo o processo de tensionar e relaxar todos os grupos musculares. Com tempo e prática, você vai conseguir relaxar seus músculos mais facilmente e em menos tempo. Se você praticar com diligência, provavelmente vai ser capaz de atingir um nível de relaxamento satisfatório em menos de cinco minutos.

Recomendamos fazer esse exercício sentado em uma cadeira firme. Comece focando sua atenção em sua respiração. Tire alguns momentos para praticar respiração diafragmática lenta e profunda. Se conseguir desacelerar sua respiração para cinco ou seis respirações por minuto, vai sentir que começa a relaxar. Você pode achar útil pensar em uma palavra, "relaxar" ou "paz", enquanto respira. Ou pode preferir usar imagens para aumentar o relaxamento, talvez imaginando que com cada expiração você esteja exalando estresse, e a cada inspiração você está respirando ar puro. Considere imaginar que o estresse tem uma cor (talvez preto ou vermelho) e que você a está exalando e se enchendo de ar sem estresse e incolor.

Em seguida, você começa a se concentrar em grupos musculares específicos. Durante o processo, foque alguma atenção em sua respiração e a mantenha lenta e profunda.

Comece tensionando os músculos da mão cerrando-as em punhos por breves momentos. Depois de alguns segundos, abra-as e tente relaxá-las completamente, incluindo cada dedo. Solte suas mãos sobre o colo e sinta a gravidade puxá-las para baixo. Você pode ter de agitar os dedos para relaxá-los.

Em seguida, concentre-se nos antebraços e crie tensão cerrando as mãos outra vez para criar brevemente uma tensão muscular. Depois de apenas alguns segundos, solte as mãos sobre o colo e permita que os músculos das mãos e dos antebraços relaxem completamente. Concentre-se em liberar qualquer tensão e sentir o relaxamento plenamente.

Agora vá para a parte superior dos braços, dobrando-os e tensionando seus bíceps. Então se solte e relaxe completamente, deixando que seus braços caiam pelo lado do corpo e sentindo como o peso de suas mãos e braços relaxados estendem seus bíceps em um estado relaxado. Sacudir os braços pode ajudar a liberar qualquer tensão restante.

Depois, volte a atenção para seus pés e tensione-os encolhendo os dedos. Depois de alguns segundos, libere a tensão agitando ou esticando-os. Continue a trabalhar pela perna do mesmo jeito, tensione as panturrilhas deixando os calcanhares no chão e erguendo os pés e os dedos, então relaxe esticando os pés confortavelmente. Tensione suas coxas pressionando os pés no chão, em seguida liberando e se concentrando nas sensações de relaxamento. Então contraia e relaxe o bumbum.

Agora vá para os músculos da testa e tensione-os franzindo o cenho. Para relaxar, erga as sobrancelhas, depois permita que elas relaxem em uma posição confortável. Em seguida, volte-se para seu queixo, língua e lábios, cerrando os dentes com firmeza, empurrando sua língua contra eles e pressionando os lábios juntos. Libere a tensão em sua boca deixando que fique entreaberta, com os lábios e a língua relaxados. Esse é um bom momento para se assegurar que sua respiração ainda está lenta e profunda.

Agora tensione o pescoço movendo a cabeça para trás. Para relaxar, mova delicadamente a cabeça para um lado e depois para o outro, então movimente o queixo na direção do peito. Em seguida, tensione os ombros, erguendo-os na direção da orelha, então relaxe completamente, permitindo que o peso de suas mãos e braços puxe os ombros para baixo. Finalmente volte-se para seu tronco e tensione os músculos do abdômen como se estivesse se preparando para levar um soco na barriga. Então relaxe completamente, permitindo que os músculos de sua barriga fiquem soltos e suaves.

Tire um momento para sentir a sensação profunda de relaxamento percorrer todo o seu corpo, então se espreguice confortavelmente e volte para outras atividades.

* * *

Recomendamos que você pratique relaxamento progressivo diariamente, de preferência pelo menos duas vezes por dia, até reduzir o tempo que você leva para conseguir relaxar a aproximadamente dez minutos. Normalmente, as pessoas acabam aprendendo a relaxar a maioria de seus músculos sem ter de tensioná-los primeiro, talvez tensionando apenas grupos de músculos teimosos que parecem especialmente vulneráveis à tensão relacionada ao estresse. Grupos diferentes de músculos podem ser problemáticos para pessoas diferentes. Por exemplo, uma pessoa pode descobrir que está constantemente cerrando os dentes, enquanto outra acumula tensão nos ombros. Aprender a relaxar com eficácia é um processo individual, que deve se adaptar a suas necessidades específicas.

Projetando suas próprias estratégias para o relaxamento muscular

Tente diversas abordagens de relaxamento muscular e escolha a mais eficaz para você. Afinal de contas, você é quem se conhece melhor. Enquanto experimenta abordagens diferentes, tenha em mente que, como com qualquer técnica, frequentemente no início é necessário praticar mais.

Se você tem uma lesão ou dificuldades com dor crônica, tensionar seus músculos pode ser contraproducente. Se esse é o seu caso, você pode seguir o procedimento citado para relaxamento muscular progressivo, mas, em vez de tensionar cada grupo de músculos primeiro, simplesmente volte sua atenção para um grupo de músculos de cada vez e tente soltar e relaxar completamente todos os músculos desse grupo. Mesmo que você use o tensionamento recomendado no relaxamento muscular progressivo, quando dominar o processo de relaxar os músculos, deve se sentir à vontade para usar a abordagem sem tensão, que é mais eficiente porque é mais rápida. Para a abordagem mais eficaz para reduzir a ativação da amígdala e do SNS para produzir uma resposta do SNP, combine métodos de respiração com o relaxamento muscular.

VISUALIZAÇÕES

Usar imagens ou visualizações também é uma técnica benéfica de relaxamento. Algumas pessoas têm a habilidade de se imaginar em outro local e podem usar a visualização para atingir com eficácia um estado de relaxamento. Se você é um desses indivíduos, pode achar que se imaginar em uma praia ou em uma clareira pacífica na floresta permite atingir um estágio de calma mais satisfatório que um foco no relaxamento muscular. De qualquer modo, o objetivo mais importante é conseguir *respirar fundo* e *relaxar os músculos*. Essa é a chave para reduzir a ativação da amígdala. A verdade é que não importa se você atinge esse estado focando diretamente em sua respiração e seus músculos ou imaginando a si mesmo em um ambiente que lhe permite relaxar.

Exercício: Avaliando sua habilidade de usar visualizações

Leia a descrição a seguir de uma situação relaxante, então tire alguns instantes, feche os olhos e imagine-se nessa situação.

> Visualize-se em uma praia quente. Sinta o sol aquecer sua pele e a brisa fresca que vem da água. Escute o som das ondas enquanto lambem a areia e o pio das aves à distância. Permita-se relaxar e aproveitar a praia por vários minutos.

Você conseguiu se visualizar bem na situação descrita? Se a imagem surgiu para você com facilidade e você a considera agradável e cativante, recomendamos muito que use a visualização como uma de suas estratégias de relaxamento. Ela pode permitir que você atinja um estado de relaxamento com mais eficácia que outras abordagens. Por outro lado, se você achou difícil relaxar usando esse método e percebeu sua mente viajar, provavelmente vai encontrar outras estratégias mais úteis para você.

Exercício: Praticando relaxamento com base em visualização

Quando você usa visualizações para relaxar, viaja para outro local em sua imaginação. Comece desacelerando sua respiração e relaxando seu corpo enquanto se desloca mentalmente para outra situação. Fornecemos a seguir um roteiro com base em uma praia para dar a você uma visão geral do processo, mas sinta-se à vontade para escolher qualquer lugar de sua preferência. A chave é fechar os olhos e se permitir experimentar esse lugar especial em detalhes. Tente usar todos os seus sentidos (visão, audição, olfato, tato e até paladar) enquanto se imagina nessa situação especialmente relaxante. Você pode pedir a alguém que leia esse roteiro para que você possa fechar os olhos e se concentrar.

> Imagine-se caminhando por uma trilha de areia para uma praia. Ao andar pela trilha, você está cercado de árvores que o mantêm na sombra. Você sente a areia começar a entrar em seus sapatos enquanto segue em frente. Pode ouvir as folhas nas árvores se movimentarem delicadamente com o vento, mas à sua frente, escuta outro som: ondas delicadas derramando-se sobre a praia.

Você continua andando, deixa a sombra das árvores para caminhar por uma praia de areia ensolarada. O sol aquece sua cabeça e seus ombros quando você para por um instante para avaliar o ambiente. O céu está com um belo tom de azul, e nuvens brancas esparsas parecem pairar imóveis no céu. Você tira os sapatos e sente a areia quente quando seus pés se afundam nela. Com seus sapatos na mão, vai até a água. O som das ondas quebrando ritmicamente na praia é hipnotizante. Você respira fundo, em uníssono com as ondas.

A água é azul-escuro, e ao longe, no horizonte, você pode ver uma linha de água mais azul onde ela se encontra com o céu azul-claro. A distância, você vê dois barcos a vela, um com a vela branca e outro com a vela vermelha; eles parecem estar apostando corrida. O cheiro úmido de madeira levada pelas águas chega ao seu nariz e você vê um pouco de madeira por perto. Você põe os sapatos em um tronco liso e desgastado e se dirige às ondas.

Gaivotas voam no céu, e você escuta seus pios excitados quando elas pairam na brisa suave que vem com as ondas. Sente a brisa em sua pele e cheira seu frescor. Enquanto se dirige às ondas, você vê o sol refletido na água. Caminha pela areia úmida, deixando pegadas, e agora vai até o mar. Uma onda quebra sobre seus pés, no início surpreendentemente fria.

Você fica parado enquanto as ondas molham seus tornozelos. Ouvindo o som repetitivo das ondas e o pio das gaivotas, sente o vento soprar nos seus cabelos. Você respira fundo e lentamente o ar fresco e limpo...

Recomendamos que você termine toda sessão de visualização de forma gradual, contando lentamente de dez a um. A cada número, fique pouco a pouco mais consciente do lugar — do verdadeiro ambiente a sua volta. Quando chegar ao um, abra os olhos e volte para o momento presente, sentindo-se refrescado e relaxado.

Por meio de visualizações, você pode fazer uma viagem por dia, que é limitada apenas pela sua imaginação, e isso pode reduzir a ativação do SNS em apenas alguns minutos. Escolha locais que possa explorar e que levem a sensações de paz e conforto. Quando praticar, lembre-se de que a visualização vai ser mais eficaz na redução da ativação da amígdala se você alcançar o relaxamento em seus músculos e respirar mais lenta e profundamente.

MEDITAÇÃO

Várias práticas meditativas — incluindo *mindfulness*, que é atualmente a abordagem mais popular — demonstraram reduzir a ativação da amígdala (Goldin e Gross, 2010). Todas as formas de meditação envolvem concentrar a atenção, talvez na respiração, talvez em um objeto ou pensamento específico. Uma ampla pesquisa sobre práticas meditativas demonstrou que elas afetam diversos processos no córtex e na amígdala (Davidson e Begley, 2012). Como essa é uma estratégia de relaxamento que pode ter o córtex como alvo, vamos fornecer uma explicação mais detalhada sobre meditação, e *mindfulness* em particular, no capítulo 11, "Como acalmar seu córtex". Entretanto, a meditação também é um método eficaz para acalmar a via da amígdala, em especial quando o foco da atenção é a respiração.

Se você tem experiência de meditação ou está interessado nisso, encorajamos você a se dedicar a essa prática. Pesquisas demonstraram que uma prática regular de meditação pode reduzir diversas dificuldades relacionadas ao estresse, incluindo pressão sanguínea elevada, ansiedade, pânico e insônia (Walsh e Shapiro, 2006). Mas, mais importante para pessoas que lutam contra a ansiedade, demonstrou-se que a meditação tem efeito direto e imediato na amígdala. Essa prática produz tanto efeitos de curto como de longo prazo na amígdala, reduzindo sua ativação em diversas situações e aumentando a ativação do SNP (Jerath et al., 2012). Claramente, a meditação é uma estratégia eficaz de relaxamento, e falamos com muitas pessoas que acham que incorporar essa prática com regularidade à rotina matinal reduz a ansiedade geral e as ajuda a se sentirem mais preparadas para lidar com as exigências do dia.

Meditação com foco na respiração

Muitas abordagens à meditação incluem um foco na respiração, e os meditadores se concentram na experiência de respirar ou de algum modo modificar como respiram. Estudos mostraram que essas práticas com foco na respiração são eficazes na redução da reatividade da amígdala. Em um estudo (Goldin e Gross, 2010), pessoas com ansiedade social eram treinadas em meditação com foco na respiração ou técnicas de distração. Então, apresentaram a elas crenças pessoais negativas relacionadas à ansiedade, como "As pessoas sempre me julgam". Aqueles que tinham se envolvido com meditação com foco na respiração tiveram menos ativação da amígdala em resposta às afirmações. Em outro estudo (Desbordes et al., 2012), adultos sem transtorno de ansiedade foram treinados em meditação com foco na respiração ou na compaixão. Todos experimentaram uma redução geral e duradoura na ativação da amígdala, e aqueles treinados em meditação com foco na respiração experimentaram benefícios ainda maiores.

Usar a meditação com eficácia exige alguma prática. Na maioria dos estudos, as pessoas receberam pelo menos 16 horas de treinamento antes da avaliação sobre a meditação e sobre a mudança do funcionamento da amígdala. Então para o máximo benefício, você pode procurar treinamento específico de um terapeuta ou outro instrutor. Abordagens de *mindfulness* são bastante populares atualmente, e há muitos livros que ensinam as técnicas dessa prática meditativa. Também há boa chance de encontrar um terapeuta ou algum outro instrutor de meditação em sua área.

Técnicas de meditação que focam na respiração e no relaxamento parecem ser as mais eficazes para alterar a resposta da amígdala. Um estudo (Jerath et al., 2012) descobriu que, depois de meditar, as pessoas ficam com a respiração mais lenta e há uma maior ativação do SNP. Esses efeitos são provavelmente centrais para sua eficácia. O próximo exercício vai ajudar você a aproveitar os benefícios da redução da ativação da amígdala através do foco na respiração.

Exercício: Meditação respirando

Esta prática é muito direta. Feche os olhos se quiser e simplesmente concentre sua atenção em sua respiração. Inspire pelo nariz e, ao fazer isso, fique atento à sensação do ar passando por suas narinas. Não force o fluxo do ar, simplesmente respire longa e lentamente e observe as sensações de inspirar e expirar em seu nariz e seu peito. Desfrute dessas sensações.

Perceba a diferença entre o ar que entra e o ar que sai de suas narinas. Preste atenção no modo como o ar faz seus pulmões se expandirem. Perceba os diferentes estágios da respiração: quando inspira e o ar enche seus pulmões, e quando você expira e seus pulmões se esvaziam. Então, concentre-se apenas no processo de inspiração, observando que o início de uma inspiração é diferente do meio do processo e do fim dele. Perceba os mesmos aspectos de expirar: o início, o meio e o fim.

Durante essa meditação, sua mente provavelmente vai viajar para outros pensamentos. Isso é comum e natural. Quando acontece, só ponha de volta seu foco na respiração. Se ela viajar cinquenta vezes, traga-a de volta cinquenta vezes.

Continue focado em sua respiração por cerca de cinco minutos, depois, lenta e delicadamente, saia da meditação.

RELAXAMENTO COMO UM PROCESSO DIÁRIO

Qualquer que seja a abordagem escolhida por você, criar oportunidades de relaxamento em sua agenda diária é parte essencial de lidar com o medo e a ansiedade. Considere praticar de manhã ou à noite, durante intervalos no trabalho, ou mesmo no transporte púbico ou enquanto caminha. Tente marcar pelo menos três ou quatro oportunidades por dia para algum tipo de relaxamento. Até uma sessão de relaxamento de cinco minutos pode reduzir o ritmo cardíaco e a tensão muscular. Se você é propenso a ataques de pânico, estratégias de relaxamento podem ajudar a preveni-los ou fornecer algum alívio. Além disso, a prática regular pode ajudar a reduzir seu nível de estresse em geral.

Como a maioria das pessoas que luta contra a ansiedade, você pode perceber que a tensão tende a se acumular gradualmente ao longo do dia. Você pode agradecer a seu núcleo central e seu sistema nervoso simpático por manter seu corpo nesse estado tenso e alerta. Quando o núcleo central ativa o SNS durante o dia, você pode desligar seu SNS usando o relaxamento para ativar seu SNP. Como um ar-condicionado que mantém uma casa fria, você precisa sempre esfriar sua amígdala. A vantagem das técnicas neste capítulo é que, diferente de aparelhos de ar-condicionado — ou medicamentos ou psicoterapia —, elas não custam nada além de uma pequena parte de seu tempo. Se você praticar técnicas de relaxamento em sua rotina, com o tempo elas vão se tornar parte de sua vida e ajudar a reduzir a ansiedade.

Resumimos algumas abordagens para o relaxamento que podem ser úteis para reduzir a ativação da amígdala. Não há um único jeito certo para alcançar o relaxamento que reduz a ansiedade com base na amígdala; você simplesmente precisa descobrir que técnicas funcionam melhor com você. Claro, a habilidade de relaxar só é benéfica se você a utilizar quando necessário, então assegure-se de escolher estratégias que você possa incorporar em sua vida diária. Se você só consegue alcançar o relaxamento muscular deitado, ou só consegue usar a visualização quando seu ambiente está perfeitamente silencioso, não vai ser capaz de aplicar essas técnicas em todas as situações. Isso pode significar que você às vezes precisará usar técnicas diferentes ou apenas que você precisa de mais prática.

RESUMO

Muitas vezes você pode tentar se acalmar com a razão, usando estratégias com base no córtex em uma tentativa de alcançar o relaxamento pelo pensamento. Esperamos que este capítulo tenha ajudado a esclarecer a utilidade de outra abordagem. Em vez de se concentrar em seus pensamentos (a abordagem do córtex), você pode trabalhar diretamente nas respostas fisiológicas que o núcleo central da amígdala está iniciando e enfrentá-las com a ativação do sistema nervoso parassimpático. O grande objetivo é aumentar a ativação de seu SNP para ajudá-lo a se recuperar da resposta ao estresse e promover bem-estar. Respiração mais lenta e músculos relaxados vão mandar uma mensagem de que o corpo está se acalmando diretamente para a amígdala, o que tem mais chance de acalmá-la do que todo o seu pensamento.

Capítulo 7
Entendendo gatilhos

Neste capítulo, voltamos nossa atenção do núcleo **central da amígdala**, que *inicia* a resposta ao estresse, para o núcleo lateral da amígdala, que recebe informação dos sentidos e forma memórias emocionais. O núcleo lateral é a parte da amígdala responsável pela tomada de decisões, que determina se o núcleo central deve reagir a uma imagem ou som em especial. Ele faz isso examinando a informação sensorial recebida e, com base em memórias emocionais, determinando se existe uma ameaça. O núcleo lateral também cria memórias relacionadas à ansiedade, e mudar essas memórias é essencial para reprogramar sua amígdala. Para se comunicar com o núcleo lateral e influenciar as memórias que ele cria, você precisa ter um entendimento claro da linguagem da amígdala.

USANDO A LINGUAGEM DA AMÍGDALA

No capítulo dois, você aprendeu que a linguagem da amígdala se baseia em associações. Especificamente, o núcleo lateral reconhece associações entre eventos que ocorrem em tempos bem próximos. Aprendemos a temer gatilhos que são associados com acontecimentos negativos, mesmo que não causem uma experiência negativa real. Quando um gatilho corresponde a um acontecimento negativo, a amígdala está programada para produzir ansiedade. Pense em Lynn, que foi vítima de uma agressão sexual. Ela desenvolveu uma forte reação de pânico ao cheiro do perfume usado pelo agressor, embora o perfume em si não fosse relevante para o ataque.

Na linguagem da amígdala, a combinação de um gatilho com um acontecimento negativo é muito poderosa. Processos de pensamento do córtex, como a lógica e o raciocínio, são de pouca utilidade quando você está lidando com medo e ansiedade na amígdala. Tentar sair da ansiedade por meio da razão não é eficaz porque você não está falando a linguagem da amígdala. É preciso se concentrar em pareamentos, e este capítulo vai ensiná-lo fazer isso.

Trabalhar com memórias emocionais com base na amígdala pode ser difícil, pois essas memórias podem ser formadas e resgatadas fora de sua consciência. Portanto, muitas de suas influências ocorrem inconscientemente. Diversas experiências sensoriais — mesmo sinais irrelevantes que você talvez mal perceba em determinada situação, como um som ou um cheiro — podem criar ansiedade. Por essa razão, pode dar algum trabalho aprender a reconhecer gatilhos, porque você nem sempre está consciente deles.

Entendendo gatilhos

Um gatilho é um estímulo que provoca ansiedade, como uma sensação, um objeto ou um acontecimento que era originariamente neutro, ou seja, ele não causaria medo ou ansiedade na maioria das pessoas. Originariamente, ele não estava associado com nenhuma memória emocional, positiva ou negativa, e, portanto, não causava nenhuma reação.

No capítulo dois, discutimos Don, um veterano da Guerra do Vietnã cujo transtorno de estresse pós-traumático é disparado pelo cheiro de um sabonete em particular. Para Don, o sabonete estava associado a acontecimentos negativos, então ele tinha uma reação negativa àquele cheiro. Para a mulher de Don, porém, o sabonete era neutro porque sua amígdala não criou nenhuma memória emocional associada a ele. Assim, o sabonete não dispara nenhuma reação nela.

A maioria das sensações, objetos e acontecimentos não são normalmente associados a emoções positivas ou negativas na maioria das pessoas. Uma multidão é só uma multidão, um elevador é só um elevador e assim por diante. Essas coisas se tornam gatilhos quando uma memória emocional se forma, seja com ansiedade, felicidade ou mesmo afeto.

A razão para que um estímulo que foi associado a um acontecimento negativo seja chamado de gatilho é porque, graças à associação, ele vai causar ou disparar uma reação de medo. Essa mudança se deve a memórias que o núcleo lateral cria quando o gatilho é associado com o acontecimento negativo. Por exemplo, no caso de Lynn, o cheiro de uma colônia específica não causava originariamente sensação de medo ou ansiedade. Era apenas um cheiro neutro. Mas quando Lynn foi agredida, sua amígdala criou uma memória emocional sobre o perfume que seu agressor estava usando. Esse processo é ilustrado na figura 6.

Associação

```
                    [ Gatilho ]          [ Acontecimento negativo ]
   (Provoca:)            ⋮                          │
                         ▼                          ▼
                 Reação de medo              Reação emocional
                   (aprendida)                  (automática)
```

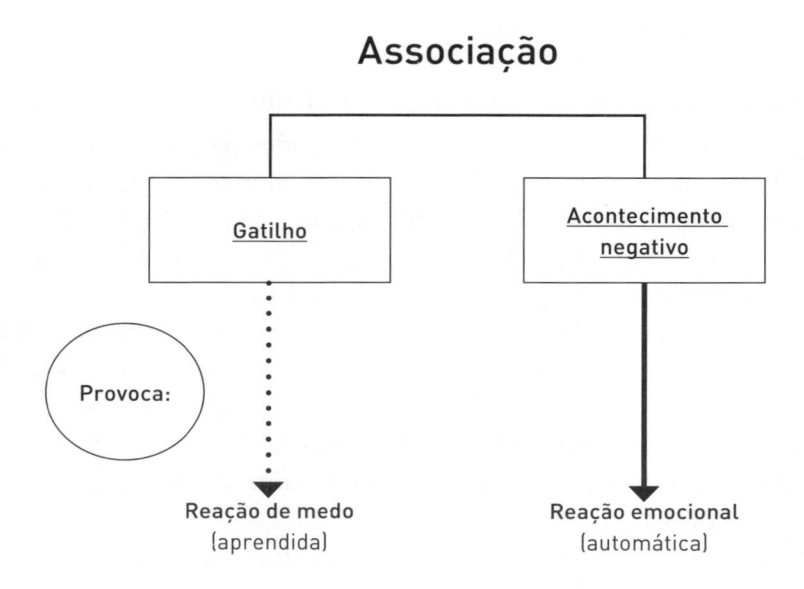

Figura 6: Como gatilhos produzem respostas de ansiedade

Um gatilho anteriormente neutro foi associado a um efeito negativo que provocou emoções, significando um acontecimento que gera desconforto, aflição ou dor. Como você pode ver na figura 6, um acontecimento negativo leva a uma reação emocional. A experiência de agressão sofrida por Lynn é obviamente um acontecimento negativo.

No diagrama, a linha conectando os dois retângulos significa uma associação entre o gatilho e o acontecimento negativo. Esse é um lembrete visual de que o evento negativo acontece logo após o gatilho. Os dois são associados, com o acontecimento negativo seguindo o gatilho no tempo. Lynn sentiu o cheiro da colônia pouco antes de ocorrer a agressão sexual, e isso criou uma associação. Esses tipos de associação são muito importantes para a amígdala.

A associação entre o gatilho e o acontecimento negativo muda a reação causada pelo gatilho. Em vez de não induzir nenhuma reação emocional, o gatilho agora leva a uma reação de medo aprendida. Por isso no caso de Lynn, como o perfume estava associado à agressão sexual, o cheiro dele agora faz com que a amígdala de Lynn produza uma reação de medo. Antes, o perfume era neutro. Agora, é um gatilho que causa medo. Essa reação foi aprendida na amígdala e armazenada como uma memória emocional.

Criando diagramas para identificar gatilhos

Diagramas como a figura 6 podem ser utilizados para identificar gatilhos. Vamos usar outro exemplo para demonstrar como isso funciona. Normalmente, o som da buzina de um carro não provoca uma forte reação de pânico. Para uma pessoa aprender a responder assim a uma buzina, esse som deve estar associado com algo muito negativo, como um acidente. Veja se você consegue colocar em um diagrama a associação que ocorreria nessa situação. (Se quiser, visite o site da Ediouro para encontrar um arquivo com o diagrama correto, assim como uma apresentação que fornece orientação útil na criação de diagramas da linguagem da amígdala. Veja no fim do livro o QR Code para acessá-los.)

Nesse exemplo, a associação do som de uma buzina com um acidente de carro faz com que a amígdala forme uma memória sobre buzinas de carros. Depois, sempre que amígdala ouvir uma buzina de carro, ela vai produzir uma reação de medo. É importante ter em mente que a buzina não causou o acidente; ela está apenas *associada* com o acidente. Lembre-se: a linguagem da amígdala tem base em associações, não em causa e efeito.

Gatilhos podem vir de várias formas. Podem ser imagens, cheiros, sons ou situações. Por exemplo, depois que uma pessoa se envolve em um acidente de automóvel, a imagem de um cruzamento específico, o cheiro de borracha queimada, o som de freios, ou mesmo a sensação de frear, tudo isso pode fazer com que essa pessoa sinta medo. Na verdade, depois de uma única experiência traumática, diversos gatilhos (cruzamento, cheiro de borracha queimada, som de freios ou de buzina e sensação de frear) podem causar medo. Cada gatilho torna-se um disparador do medo e da ansiedade.

O diagrama na figura 6 é feito para ajudá-lo a se lembrar do processo de aprendizado da amígdala. Você pode se lembrar da diferença entre o gatilho e o acontecimento negativo ao perceber os símbolos que conectam cada estímulo à sua resposta no diagrama. A seta grossa do acontecimento negativo à reação emocional indica que há uma conexão *automática* entre o acontecimento negativo (como um acidente) e a reação. Em contraste, a conexão entre o gatilho (como uma buzina de carro) e a reação de medo é criada ou aprendida pela amígdala como resultado da associação do gatilho com o acontecimento negativo. A linha pontilhada significa que a resposta de medo é uma resposta aprendida, e o que é aprendido pode ser mudado.

Usando diagramas para entender a linguagem da amígdala

Aprender a identificar gatilhos e os acontecimentos negativos aos quais eles estão associados é muito útil para entender a linguagem da amígdala e seu papel na produção da ansiedade. Aqui, há algumas orientações importantes: tanto o gatilho quanto o acontecimento negativo são estímulos, o que significa que são objetos, acontecimentos ou situações que você vê, ouve, sente, cheira ou experimenta. O gatilho é diferente do acontecimento negativo porque você *aprende* a temê-lo ou ficar ansioso em relação a ele, enquanto o acontecimento negativo é algo que você não precisa aprender para reagir a ele. O gatilho ativa emoções em você, mesmo que você saiba que essas emoções não são lógicas, e mesmo que você queira parar de responder ao gatilho desse jeito.

Respostas de medo aprendidas podem ocorrer com diversos objetos, sons ou situações, desde que estejam associados no tempo com um forte acontecimento negativo. Sentir enjoo em uma montanha-russa pode fazer com que uma pessoa tenha medo de atrações de parques de diversões. Por outro lado, uma pessoa diferente pode se sentir empolgada na mesma atração e, como resultado, amar a montanha-russa. O núcleo lateral da amígdala reconhece e se lembra dessas associações, e isso é o que determina nossas reações subsequentes. Essas memórias emocionais podem ser muito fortes e duradouras.

Exercício: Criando diagramas de gatilhos

Tire algum tempo para aprender a criar diagramas de gatilhos, acontecimentos negativos e respostas aprendidas *versus* respostas automáticas, porque essa é a linguagem da amígdala. Conhecer essa linguagem dá a você a habilidade de se comunicar com a amígdala. Na maioria dos casos, o gatilho e o acontecimento negativo vão ser as únicas partes do diagrama que você tem de solucionar. Uma versão em branco está disponível para download no site da Ediouro, onde você também vai encontrar alguns exemplos que pode usar para praticar a criação de diagramas de associações. (Veja no fim do livro o QR Code para acessá-lo.) Isso vai ajudar você a aprender a identificar gatilhos e a diferenciá-los de acontecimentos negativos.

SUA AMÍGDALA SABE

A ferramenta mais poderosa para lidar com reações de ansiedade é ter um entendimento profundo de suas próprias (e únicas) respostas de ansiedade. Para ser eficaz no treinamento de seu cérebro para resistir a reações de ansiedade, conhecimento específico sobre seus próprios gatilhos é essencial. Por essa razão, é crucial que você olhe atentamente para situações e acontecimentos que estão conectados a suas respostas de ansiedade. Isso vai ajudá-lo a identificar os gatilhos com os quais precisa lidar por meio de terapia de exposição, uma técnica poderosa que vamos explicar no próximo capítulo.

As pessoas nem sempre têm consciência dos gatilhos exatos que passaram a provocar seu medo. E como você agora sabe, gatilhos não são necessariamente lógicos. Mesmo assim, a amígdala é muito reativa a eles. Para reduzir com eficácia suas reações de ansiedade, você precisa identificar os gatilhos que provocam sua ansiedade e depois usar a abordagem do capítulo oito para mudar a resposta de sua amígdala a eles.

Exercício: Identificando seus gatilhos

Tire um momento para pensar nos tipos de situação em que você experimenta ansiedade. Se você fizer isso de forma eficiente, pode descobrir um grande número de situações. Não desanime. Pense de forma ampla. Embora você possa achar que o processo de examinar tantas situações seja opressor, provavelmente vai descobrir que um número menor de gatilhos comuns está escondido dentro dessa ampla gama de situações. Por exemplo, você pode identificar um grande número de situações no trabalho que disparam sua ansiedade e descobrir um fator comum entre elas quando você olha com mais atenção, já que um mesmo gatilho pode ocorrer em situações diferentes. Talvez seja a presença de seu chefe, o som de pessoas levantando a voz ou situações nas quais você precise falar diante de um grupo. Para identificar seus gatilhos da melhor maneira, incluindo aqueles comuns a muitas situações, tente levar em conta o maior número possível de situações nas quais sente uma ansiedade incômoda.

Quando você identificar situações nas quais experimenta ansiedade, não se esqueça de levar em conta sensações internas às quais você pode estar reagindo. Por exemplo, se taquicardia, tontura ou vontade de ir ao banheiro fazem com que você entre em pânico, inclua-as em sua lista, já que sensações internas também podem ser gatilhos de ansiedade.

Você vai encontrar no site da Ediouro um formulário de situações que provocam ansiedade para baixar que você pode usar para registrar essas situações. (Veja no fim do livro o QR Code para acessá-lo.) Você também pode criar um formulário semelhante em uma folha de papel usando quatro colunas: "Situações que causam ansiedade" na esquerda, depois "Nível de ansiedade", em seguida "Frequência" e, finalmente, na direita, "Gatilhos na situação". Para o nível de ansiedade, avalie sua intensidade usando uma escala de um a cem, sendo um o nível mínimo, e cem, intolerável.

Aqui há um exemplo para lhe dar uma ideia de como usar o formulário: quando Manuel o usou, as coisas que ele listou em "Situações que causam ansiedade" foram sua avaliação anual de desempenho com seu chefe, apresentações em reuniões de equipe e discussões com sua mulher. Para o primeiro item, sua avaliação anual, ele determinou o próprio nível de ansiedade em setenta na segunda coluna, e na terceira coluna disse que isso acontece uma vez por ano. Na coluna da direita, identificou diversos gatilhos: o formulário de avaliação de desempenho que ele precisa preencher, lembretes enviados por e-mail por seu chefe sobre marcar a reunião, estar na sala de seu chefe, falar com seu chefe sobre seu desempenho, o cenho franzido que ele sempre vê na expressão do chefe e o tom de voz que seu chefe usa quando está irritado.

Na segunda linha do formulário, ele listou apresentações em reuniões de equipe na primeira coluna. Avaliou a intensidade em 95, indicando que são quase insuportáveis, e escreveu que ele tem de fazer essas apresentações aproximadamente uma vez por mês. Como gatilhos, ele identificou a sala de reunião e a boca seca que ocorre quando está falando, assim como seus colegas de trabalho olhando para ele, as críticas a suas ideias e as expressões faciais que eles faziam. Em seguida, quando Manuel começou a escrever "Discussões com minha mulher" na terceira linha, ele reconheceu um padrão nos gatilhos nessas situações. Notou que ter de apresentar a si mesmo e suas ideias diante das críticas dos outros era fonte de grande parte de sua ansiedade, e que expressões faciais negativas são um gatilho repetido.

Usar o formulário para identificar gatilhos específicos que provocam ansiedade para você é muito importante. Pense nos sons que você escuta, no que vê, nas sensações que experimenta e no cheiro e sabor das coisas. Também leve em conta o que você pensa ou imagina. Tenha em mente que a amígdala nem sempre processa as sensações de forma tão detalhada quanto você pode experimentá-las, de modo que uma descrição geral dos gatilhos é suficiente. Depois de criar a lista, observe se gatilhos específicos aparecem repetidamente ou se você vê um padrão nas diferentes situações que provocam ansiedade. Isso vai ajudar você a identificar seus próprios gatilhos de ansiedade.

Às vezes, a razão para um gatilho específico provocar ansiedade é óbvia. Por exemplo, a visão de um elevador claramente criaria ansiedade em alguém com claustrofobia. Em outros momentos, a razão para a conexão entre o gatilho e a ansiedade é menos clara, como no caso de Don, o veterano da Guerra do Vietnã que finalmente descobriu que o cheiro de certo sabonete era um gatilho. Sua amígdala claramente reconheceu uma associação entre o cheiro do sabonete e o perigo do combate. Embora isso não seja necessariamente uma associação lógica, você pode ver como ela surgiu. Em alguns casos, a razão para um gatilho específico provocar ansiedade pode permanecer obscura. Felizmente, não é necessário saber com exatidão como o gatilho passou a causar uma resposta de medo. Independentemente da razão, você pode treinar novamente sua amígdala, mesmo quando não sabe o que causou a memória emocional.

Enquanto você está preenchendo o formulário e identificando seus próprios gatilhos de ansiedade, pode experimentar níveis perceptíveis de ansiedade apenas por pensar neles. Como mencionado, a amígdala reage a gatilhos de uma maneira um tanto genérica. Quando o som de certo cachorro rosnando provoca medo, o som de outros cachorros rosnando também tem chances de provocar medo devido à *generalização*. Isso significa que até um som semelhante a um cachorro rosnando pode gerar uma sensação de medo. Talvez o mais surpreendente seja que simplesmente imaginar o som de um cachorro rosnando pode ser suficiente para ativar a amígdala. Isso acontece porque, quando você imagina o som, você está ativando a memória do som, e essa memória pode levar a uma reação na amígdala.

Se você sente ansiedade ao revisar as situações listadas, não se preocupe. Em vez disso, use suas respostas emocionais como um indicador. Essas respostas emocionais podem ajudá-lo a identificar que gatilhos produzem ansiedade, permitindo que você aprenda o que aciona sua amígdala. Se você experimentar alguma aflição, não desanime. Na verdade, pensar sobre gatilhos que provocam o medo é o primeiro passo para ativar suas novas conexões neurais e começar a reestruturar seu cérebro. Então se você começa a se sentir ansioso, diga a si mesmo que está apenas aquecendo os circuitos que você precisa modificar. Respire fundo e continue firme!

Claro, isso pode ser mais fácil de dizer que de fazer. Esse trabalho, por definição, provoca ansiedade. Você pode achar o processo de pensar sobre gatilhos opressivos. Se isso acontecer, você pode empreender essa exploração com um terapeuta, que pode apoiá-lo e guiá-lo no processo. Terapeutas cognitivo-comportamentais são os mais experientes nessa abordagem, incluindo terapia de exposição, que explicamos no capítulo oito.

ONDE COMEÇAR

No próximo capítulo, vamos conduzi-lo pelo processo de treinar as reações de sua amígdala a gatilhos específicos. Aqui, queremos enfatizar que se livrar de todos os seus medos não é possível nem necessário. Na verdade, não seria uma boa ideia eliminar todos os medos. O medo é oportuno em diversas situações, como quando você está atravessando uma rua movimentada ou quando uma tempestade começa no meio de seu jogo de golfe. Como mencionamos antes, muitos medos não apresentam problemas. Por exemplo, o medo de voar pode ter pouco efeito ou consequências em pessoas que podem facilmente evitar viagens aéreas. O objetivo é começar a modificar reações de ansiedade que interferem em sua capacidade de viver sua vida do jeito que quiser. Há três considerações em relação a priorizar as situações e os gatilhos em que trabalhar: o nível em que eles interferem em seus objetivos de vida, a quantidade de aflição que eles provocam e a frequência com a qual eles ocorrem. Claro, essa não é uma situação ou isso ou aquilo. Você pode escolher seu foco com base em qualquer um ou em todos esses fatores, mas levá-los em consideração ajuda você a priorizar em que trabalhar primeiro.

Gatilhos que interferem em seus objetivos de vida

No fim da introdução, pedimos que você pensasse em como seria sua vida se a ansiedade não exercesse um efeito limitador nela. Revisitar seus pensamentos sobre seus objetivos e esperanças é um passo importante para decidir em que gatilhos se concentrar. Recomendamos muito priorizar as situações em que você vai trabalhar, começando com aquelas que limitam sua habilidade de atingir seus objetivos diários com maior frequência ou severidade. Que gatilhos, junto com as respostas emocionais que os acompanham, estão interferindo de forma mais severa ou frequente em sua vida e impedindo que você viva da forma que deseja?

Pense em Jasmine, que evitava qualquer situação envolvendo falar em público até entrar em um curso de enfermagem que exigia que ela fizesse um treinamento de oratória. Ela logo viu que sua ansiedade em relação a falar em público ia atrapalhar seu objetivo. Isso a motivou a buscar ajuda para reduzir seu medo de falar em público, e ela logo teve sucesso em mudar um medo com o qual convivera por anos. Nós encorajamos você a se concentrar em reduzir a ansiedade em situações em que ela é um obstáculo para alcançar seus objetivos. Nossa intenção é fazer que seus objetivos, não sua ansiedade, sejam a força motriz em sua vida.

Gatilhos que causam aflição extrema

Para priorizar situações e gatilhos em que trabalhar deve-se considerar o nível de ansiedade que você sente em diferentes situações. Por isso pedimos que você avalie a intensidade no formulário sobre situações que provocam ansiedade. Se certas situações provocam altos níveis de ansiedade, você pode querer se concentrar nelas, já que geram estresse intenso e com um potencial debilitante. Mudar como você se sente nessas situações pode lhe fornecer um maior alívio.

Por exemplo, depois de dois períodos de serviço no Afeganistão, Verge tinha fortes reações de medo a diversos sons, incluindo barulho de helicóptero, sirenes, tiros e explosões. Mas eram as explosões que causavam o medo mais intenso, que ele avaliou como acima de cem. Ele disse que fogos de artifício eram aterrorizantes, por isso datas comemorativas, como o Dia da Independência americano e o Ano-Novo, eram um pesadelo de repetidos ataques de pânico para ele. Verge decidiu se concentrar em superar primeiro esse intenso medo de explosões para poder aproveitar esses feriados com a família.

Gatilhos que surgem frequentemente

Outra consideração é a frequência com que você se vê em situações específicas que provocam ansiedade. Completar o formulário de situações que provocam ansiedade vai ajudar você a identificar os cenários que causam ansiedade com mais frequência. Reduzir a ansiedade que você sente em situações que acontecem com frequência pode melhorar muito sua qualidade de vida, porque essas situações têm maior impacto em sua vida diária. Por exemplo, um carteiro que trabalha em uma zona residencial e tem medo de cachorros pode muito bem escolher trabalhar esse medo primeiro, já que provavelmente enfrenta esse gatilho diversas vezes em um dia de trabalho.

RESUMO

Como você pode ver, o formulário de situações que provocam ansiedade é extremamente útil para identificar momentos que você escolheria mudar. Identificar seus gatilhos nessas situações vai ajudá-lo a saber o que precisa ensinar à sua amígdala. Não é necessário mudar suas reações a todos os seus gatilhos. Em vez disso, escolha como alvo gatilhos nas situações em que sua ansiedade fica no caminho de seus objetivos e sonhos pessoais, aqueles que provocam maior aflição ou aqueles que você encontra com mais frequência. Em geral, a melhor maneira de começar é com uma situação na qual reduzir sua ansiedade melhoraria sua vida de forma significativa. No próximo capítulo, vamos mostrar a você como reestruturar sua amígdala para fazer isso.

Capítulo 8
Ensinando sua amígdala por meio da experiência

No capítulo anterior, discutimos como a amígdala aprende a reagir a certos gatilhos com medo ou ansiedade. Quando essa reação se forma, é difícil mudar o padrão e fazer com que você pare de reagir ao gatilho. Embora não possa apagar facilmente a memória emocional formada pela amígdala, você pode desenvolver novas conexões na amígdala que concorram com aquelas que levam ao medo e à ansiedade. Para fazer com que a amígdala crie essas novas conexões, você precisa expô-la a situações que contradigam a associação de um gatilho e com um acontecimento negativo. Se você apresentar à amígdala uma informação nova que é inconsistente com o que ela experimentou anteriormente, isso a obrigará a fazer novas conexões em resposta a essa informação e a aprender com a nova experiência.

Expor sua amígdala a uma nova informação permite que você a reestruture de um modo que conquiste mais controle sobre sua ansiedade. É como construir uma nova via em uma área muito usada em uma autoestrada. Quando você cria um novo caminho neural e pratica transitar por ele repetidas vezes, estabelece uma rota alternativa que evita problemas. Responder com medo e ansiedade não é mais sua única opção. Você pode estabelecer outras respostas, mais calmas, como um modo de desviar de sua ansiedade.

Estudos mostraram que um novo aprendizado na amígdala acontece no núcleo lateral (Phelps et al., 2004), então você precisa comunicar informação nova ao núcleo lateral de que você quer treinar sua amígdala a responder de maneira diferente. Dentro do cérebro, há relativamente poucas conexões entre o córtex e a amígdala, e as conexões que existem não se comunicam diretamente com o núcleo lateral ou o núcleo central. As conexões com o córtex parecem enviar suas mensagens para *neurônios intercalados*, uma coleção de células nervosas que ficam entre o núcleo lateral e o núcleo central. Embora esses neurônios permitam ao córtex alguma influência sobre respostas que estejam acontecendo, o córtex não parece ter conexão direta com o núcleo lateral.

Você precisa treinar especificamente a amígdala se você quer reduzir sua influência em seu cérebro, emoções e comportamento. Ao praticar as técnicas de exposição descritas neste capítulo, você pode comunicar uma nova informação ao núcleo lateral e refazer os caminhos associados com gatilhos específicos.

Se pensar bem, você está cercado por exemplos de pessoas que superaram até mesmo o que consideramos ser medos inatos. Por exemplo, em cidades grandes, você pode ver pessoas suspensas por cordas limpando janelas de arranha-céus, aparentemente bem calmas enquanto passam seu dia de trabalho. Pessoas que praticam esqui aquático, equitação ou dança de salão podem ter tido que superar medos para participar dessas atividades. Aprender a nadar ou a dirigir exige frequentemente que as pessoas vençam a ansiedade.

Exposição repetida a situações aparentemente ameaçadoras sem nada negativo acontecendo pode ensinar a amígdala que aquelas situações não exigem uma resposta de medo. Você pode superar medos se der à sua amígdala experiências que a ensinem a se sentir segura em determinadas situações. Esse é o poder da exposição.

TRATAMENTO COM BASE EM EXPOSIÇÃO

Entre os vários tipos de terapia para dificuldades com base em ansiedade, especialmente ataque de pânico, fobia e transtorno obsessivo-compulsivo, nenhum teve um sucesso tão expressivo como a *terapia de exposição* (Wolitzky-Taylor et al., 2008). Nessa abordagem, a ansiedade em geral aumenta, frequentemente a um nível desconfortável, então começa a ceder. A chave é deixar que a resposta de ansiedade faça seu caminho, chegando ao pico e depois descendo, sem escapar da situação. Dessa forma, a amígdala começa a associar uma situação previamente temida a segurança.

O poder da terapia de exposição está em dar à amígdala novas experiências que a levem a fazer novas conexões. Segundo a psicóloga Edna Foa, que realizou estudos extensos da exposição, e seus colegas, a eficácia dessa terapia vem da *informação corretiva* que ela fornece (Foa,

Huppert e Cahill, 2006). As experiências de aprendizado oferecidas pela exposição mostram para a amígdala que gatilhos que previamente provocavam medo e ansiedade, na verdade, são bem seguros. A terapia de exposição é um modo altamente eficaz de falar a linguagem da amígdala.

Dessensibilização sistemática e inundação são dois exemplos de tratamento com base na exposição. A *dessensibilização sistemática* envolve aprender estratégias de relaxamento e abordar objetos ou situações temidas de forma gradual. Normalmente, isso ocorre em um processo lento mas constante, trabalhando gradualmente, ao longo da terapia, as situações que provocam cada vez mais ansiedade. Com a *inundação*, por sua vez, as pessoas se jogam na situação que mais provoca medo, e a exposição pode durar horas. A inundação é uma abordagem mais intensa, mas também proporciona alívio da ansiedade muito mais rapidamente.

Nas duas abordagens, na maioria dos casos as pessoas inicialmente confrontam situações temidas mentalmente, imaginando-se naquelas situações. Mas, no fim, elas precisam experimentar a situação diretamente, em geral repetidamente. Obviamente, essa é uma forma de tratamento desafiadora, mas pesquisas mostram que essa é exatamente a abordagem necessária para reestruturar a amígdala (Amano, Unal e Paré, 2010). Portanto, quanto mais você pratica exposição, é mais provável que sua amígdala responda com calma a situações e gatilhos anteriormente temidos.

Você pode se perguntar qual das abordagens é a mais eficaz: a gradual da dessensibilização ou a mais rápida da inundação. Uma pesquisa indica que exposição intensa e extensa a gatilhos que produzem medo (inundação) é mais rápida e eficaz que uma abordagem gradual (Cain, Blouin e Barad, 2003). Não é surpresa que pessoas ansiosas sejam mais propensas a tentar uma abordagem gradual como a dessensibilização em vez da inundação. No fim, as duas abordagens funcionam, porque as duas permitem que a amígdala experimente estímulos anteriormente temidos sem nenhum resultado negativo.

Como os tratamentos com base em exposição são bastante eficazes, eles são uma das abordagens recomendadas com maior frequência para a redução da ansiedade. Muitas pessoas que aprenderam a lidar com sua ansiedade tiveram experiências pessoais ou tratamento profissional que envolviam exposição. Se você nunca experimentou um tratamento com base na exposição, recomendamos que procure um profissional para conduzi-lo ao longo do processo, pois evidências indicam que o apoio de um terapeuta é muito útil. Se você já fez terapia de exposição, esperamos que este livro o ajude a entender como ela funciona. Se tentou terapia de exposição, e ela não foi tão eficaz nem duradoura, esperamos que este livro ajude você a entender por quê. Se você tentar de novo e seguir a abordagem apresentada neste capítulo, acreditamos que ela vá ser útil.

Claro, terapia de exposição não é fácil. Por definição, ela produz ansiedade porque deliberadamente envolve você em experiências que provocam ansiedade. Saber que esse processo é necessário para reestruturar seu cérebro vai ajudá-lo a estar à altura dos desafios e a tornar o estresse da experiência mais tolerável.

Nada fala com a amígdala com mais eficácia que experiências que ativam os neurônios associados com situações e objetos temidos. Sua amígdala está constantemente monitorando as experiências que vive e criando conexões entre neurônios que indicam o que ela acredita ser seguro *versus* perigoso. O tratamento com base em exposição dá à amígdala oportunidades de fazer novas conexões e praticar essas conexões repetidas vezes.

O BÁSICO DA REESTRUTURAÇÃO: ATIVAR PARA GERAR

A amígdala deve ter experiências particulares para que a reestruturação ocorra. Durante a exposição, você precisa experimentar imagens, sons e outros estímulos que criam ansiedade para ativar exatamente os circuitos neurais que guardam as memórias emocionais que você deseja modificar. Ativar esses circuitos cria um potencial de desenvolver novas conexões entre neurônios diferentes — conexões que vão modificar as respostas da amígdala. Repetimos: você precisa *ativar* neurônios para *gerar* essas conexões. Há muita sabedoria no velho ditado: "É preciso subir novamente no cavalo que derrubou você."

Quando as pessoas fazem o que querem, a amígdala normalmente não tem as experiências de aprendizado de que necessita para mudar suas respostas a situações temidas. Na verdade, a resposta de ansiedade frequentemente impede que ocorra exposição eficaz. Pense em uma avó com medo de voar que ganha de presente uma passagem de avião para visitar sua família a milhares de quilômetros de distância. Quando ela pensa em fazer as malas para a viagem ou chega ao aeroporto para embarcar no avião, sua ansiedade aumenta, criando oportunidades excelentes para exposição. Mas ela não percebe que sua ansiedade significa que ela está na melhor posição para alterar os circuitos ativados e mudar a resposta da amígdala à situação. Em vez disso, sua reação mais natural à ansiedade nessas situações provavelmente vai ser tentar evitar a viagem. Você pode argumentar com ela que voar é mais seguro que ir de carro, e ela pode entender isso ou mesmo chegar a essa conclusão por conta própria. Mas sua amígdala não está operando com base na razão; ela está apenas ativando conexões estabelecidas que produzem uma resposta ao estresse.

Diante de situações temidas, o desconforto às vezes pode parecer insuportável, e o desejo de escapar, irresistível. Mas se aquela avó evitar pegar o voo, ela vai perder uma chance de exposição, além da oportunidade de passar tempo com sua família. Essa dinâmica de experimentar ansiedade e depois escapar dela evitando a situação serve apenas para manter a ansiedade, e é isso o que faz com que as reações de ansiedade sejam tão difíceis de modificar. Dessa forma, a ansiedade pode se autoperpetuar.

Para lembrar por que é necessário experimentar ansiedade, lembre-se da expressão "ativar para gerar". Isso é o que é necessário para que ocorra aprendizado na amígdala. A ativação de neurônios é a base da eficácia da terapia de exposição. Se você quer gerar novas conexões, precisa ativar os circuitos que armazenam a memória do temido objeto ou situação (Foa, Huppert e Cahill, 2006). A excitação emocional e a ansiedade que ocorrem são um sinal de que você está ativando os circuitos certos. Na verdade, evidências mostram que pessoas que têm níveis mais altos de excitação emocional se beneficiam mais da exposição durante experiências iniciais de exposição (Cahill, Franklin e Feeny, 2006). Isso também pode explicar por que a inundação funciona mais rapidamente que a dessensibilização sistemática.

Pesquisas com animais e imagens cerebrais indicam que a exposição, o processo de experimentar uma situação ou objeto que causa ansiedade enquanto nada negativo acontece, permite que outra parte do cérebro exerça algum controle sobre como a amígdala responde (Barad e Saxena, 2005; Delgado et al., 2008). Essa outra parte do cérebro está nos lobos frontais, e pesquisas em humanos mostram que uma área chamada de córtex pré-frontal ventromedial parece estar envolvida (Delgado et al., 2008). Durante a exposição, ocorre aprendizado na amígdala, e a memória desse aprendizado é armazenada pelo córtex pré-frontal ventromedial. O medo aprendido e armazenado pela amígdala não é apagado (Phelps, 2009), mas outro circuito é desenvolvido, e respostas novas e mais calmas são aprendidas.

Uma analogia pode ajudá-lo a perceber quanto é importante ativar os circuitos da ansiedade, embora seja uma experiência desconfortável. Quando você está preparando uma xícara de chá, vai ter melhores resultados se a água estiver quente. Colocar folhas ou um saquinho de chá em uma xícara de água fria não vai ser tão eficaz para permitir que o sabor do chá passe para a água. De forma parecida, seus circuitos neurais precisam estar ativados (ou quentes) para fazer novas conexões. Quando se trata de ansiedade, você precisa se expor ao calor se quiser reestruturar seus circuitos.

Entendendo a exposição com a prática da criação de diagramas

Pense na experiência infeliz de um menino que foi arranhado por um gato. O gato, algo neutro que se tornou um gatilho, está associado com o arranhão, um acontecimento negativo que causou dor. Como resultado, gatos passaram a provocar ansiedade. Depois, quando o menino vê um gato, ele experimenta ansiedade e não tem nenhum interesse em brincar com o bichinho.

Se queremos ajudá-lo a criar novos circuitos e mudar esse medo de gatos, precisamos expô-lo a um gato amistoso para treinar sua amígdala. Quando ele vê ou toca um gato sob circunstâncias positivas (enquanto o acaricia e desfruta de sua maciez, se divertindo com suas brincadeiras e por aí vai), sua amígdala pode ser estimulada a estabelecer novos circuitos relacionados a gatos. Quanto mais a criança observar ou interagir com gatos na ausência de acontecimentos negativos, mais fortes vão se tornar as novas conexões neurais, e ela vai experimentar menos ansiedade. Com exposição repetida a gatos amistosos, a amígdala da criança vai criar um desvio em torno de seu medo e ansiedade.

Claro, durante a exposição a criança provavelmente vai sentir e expressar medo do gato. Mas essa exposição é necessária para ativar os neurônios que desejamos reestruturar. Não há como mudar os circuitos criados pelo núcleo lateral sem dar à amígdala novas experiências com gatos e, em consequência, criar alguma ansiedade.

Na verdade, a ansiedade da criança é um bom indicativo de que os circuitos corretos na amígdala foram ativados e estão prontos para um novo aprendizado.

Para fazer um diagrama do processo de criação de novas conexões, podemos partir do diagrama básico que temos usado (veja figura 7). Dessa vez, associamos o gato não com um arranhão, mas com uma experiência positiva, como ver um gato brincalhão perseguir um barbante ou acariciar um gato ronronando. Assim, gatos vão passar a despertar mais sensações positivas, talvez calma ou prazer. Essa nova conexão pode competir com a conexão anterior entre gatos e ansiedade, fornecendo uma rota segura em torno da resposta de ansiedade. Quanto mais a criança é exposta a experiências positivas com gatos, mais forte essa rota vai se tornar, e vai ser mais provável que a criança sinta emoções positivas, em vez de ansiedade, quando encontrar gatos no futuro. Exposição repetida cria essa resposta nova e alternativa.

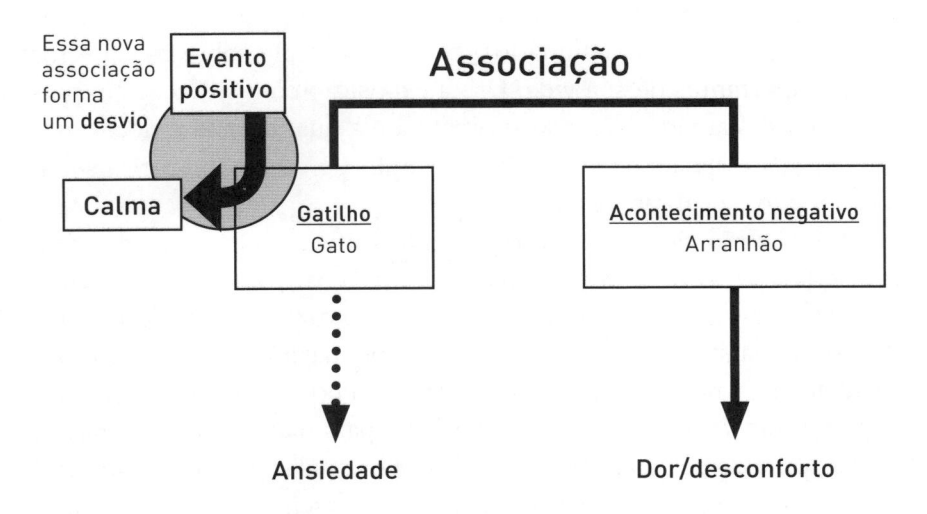

Figura 7: Criando uma nova conexão neural

Dando o mergulho

Exposição é uma situação "sem dor, sem ganho". Você precisa se expor a situações temidas e se permitir experimentar ansiedade se quiser mudar sua resposta. A melhor condição para que o aprendizado ocorra na amígdala é quando os neurônios são ativados, de forma semelhante à melhor condição para criar massa muscular, que é quando as fibras musculares estão cansadas. Fazendo um paralelo, quanto mais repetições você fizer, mais forte vai ficar. Pense na exposição como uma forma de proporcionar exercícios que vão treinar sua amígdala.

Nós asseguramos a você que muitas evidências indicam que a exposição é um modo bastante eficaz de mudar as conexões no cérebro responsáveis pela ansiedade. Apesar disso, é difícil se colocar deliberadamente em uma situação criada pela sua própria natureza para afligi-lo, e às vezes é absolutamente impossível. Você não deve tentar a exposição antes de estar confiante de que vai até o fim, porque, na verdade, é possível que acabe reforçando sua ansiedade se abandonar a situação de exposição antes que sua ansiedade se reduza.

Como uma exposição feita de maneira incorreta pode reforçar a ansiedade, recomendamos que você trabalhe com um terapeuta que tenha experiência no assunto. Isso vai garantir que você tenha um tratamento melhor. Você também deve escolher com cuidado quando usar e quando não usar a exposição, de modo a poder utilizar essa ferramenta poderosa para ajudá-lo a obter o controle sobre os aspectos mais importantes de sua vida. Use a exposição com situações impactam muito sua vida e não se submeta a ela quando não é necessário mudar sua resposta de medo. Por exemplo, se você não precisa superar o medo de cobras, não trabalhe nisso!

A exposição não vai ser terrivelmente aflitiva em todos os momentos, especialmente se você escolher abordagens graduais. E quando a exposição é bem desafiadora, é possível reforçar sua força de vontade lembrando a si mesmo de que vai experimentar mudanças em sua ansiedade de forma relativamente rápida. Uma boa analogia para ilustrar o poder transformador da exposição é sair para nadar. Você alguma vez pôs a ponta do pé na água e se encolheu por causa da temperatura fria? Ao entrar aos poucos na água, você toma consciência do frio, enquanto ela gradualmente chega a sua barriga e a seu peito. Depois de certo tempo, porém, seu corpo se ajusta e você se sente confortável. Sorri para os outros que estão com água apenas nos joelhos e reclamando que está fria. O mesmo processo de ajuste ocorre com a exposição. Sua amígdala vai se adaptar se você permanecer na situação. Quando estiver praticando exercícios de exposição e sentir a ansiedade diminuir, você vai saber que atraiu a atenção da amígdala e está progredindo!

Considerações sobre medicamentos

Se você está tomando ansiolíticos, saiba que certos fármacos podem ajudá-lo no processo de exposição, enquanto outros dificultam o processo de aprendizado da amígdala. Benzodiazepínicos, como o diazepan, o alprazolam, o lorazepan e o clonazepan, podem interferir na exposição. Essas drogas têm um efeito tranquilizante sobre a amígdala, e isso ajuda a manter a ansiedade sob controle. Entretanto, o processo de reestruturação está baseado na ativação da amígdala e na geração de ansiedade para criar um novo aprendizado. A neuroplasticidade tem menos chances de ocorrer em um cérebro medicado com benzodiazepínicos. Na verdade, uma pesquisa científica mostrou que tomar benzodiazepínicos reduz a eficácia de tratamentos com base em exposição (Addis et al., 2006), e diversos estudos revelaram que as pessoas que se beneficiam mais da terapia com base em exposição não tomam esse tipo de medicamento (por exemplo, Ahmed, Westra e Stewart, 2008).

Por outro lado, certos medicamentos ajudam no processo de exposição, inclusive alguns inibidores seletivos de receptação de serotonina (ISRS) e inibidores de recaptação de serotonina/norepinefrina (IRSN). ISRSs incluem medicamentos como sertralina, fluoxetina, citalopram, escitalopram e paroxetina. IRSNs incluem medicamentos como venlafaxina, desvenlafaxina e duloxetina. Uma pesquisa indica que ISRSs e IRSNs promovem o crescimento e a mudança nos neurônios (Molendijk et al., 2011), portanto esses medicamentos podem tornar mais provável que os circuitos do cérebro possam ser modificados pela experiência.

Claro, é importante você trabalhar com seu profissional de saúde ao fazer qualquer ajuste nos medicamentos. Se você quiser saber mais sobre vários medicamentos para tratar da ansiedade e quando eles podem ou não ser úteis, pode baixar um capítulo bônus sobre esse assunto, "Medicamentos e o cérebro ansioso", no site da Ediouro. (Veja no fim do livro o QR Code para acessá-lo.)

Reforçando novas conexões

Para criar conexões da maneira mais eficaz, você precisa se envolver em diversas exposições aos gatilhos que causam sua ansiedade. Lembre-se: é preciso ativar os circuitos de medo para gerar novas conexões.

A exposição repetida não apenas vai formar novas sinapses, como também reforçar os novos circuitos para que ela interrompa o circuito de medo anteriormente estabelecido pelo núcleo lateral. Então, por exemplo, se você está tentando superar o medo de elevadores, a abordagem mais eficaz é andar em diversos elevadores em ambientes diferentes.

Claro, é essencial que suas experiências durante a exposição sejam neutras ou positivas. Continuando com o exemplo anterior, assegure-se de que suas exposições a andar em elevadores sejam tranquilas. Claro que isso não significa que elas vão ser livres de ansiedade. Lembre-se: coragem não é a ausência de medo; coragem é agir *apesar* do medo. Quanto mais você experimentar ansiedade e permanecer na situação por tempo suficiente para que seu medo diminua, mais fortes vão se tornar os novos circuitos.

CRIANDO EXERCÍCIOS DE EXPOSIÇÃO

Você aprendeu a preencher o formulário de situações que provocam ansiedade. Selecione uma situação de seu formulário para começar, tendo em mente as considerações em relação à priorização discutidas no fim do capítulo sete (escolhendo uma situação que impeça que você atinja seus objetivos, uma situação que gere grande dose de estresse ou uma situação que se repita com frequência). Comece revisando os gatilhos que produzem ansiedade nessa situação. Mais uma vez, recomendamos trabalhar com um médico ou terapeuta que entenda o tratamento com base em exposição e possa fornecer apoio e orientação.

Depois que selecionar a situação na qual quer se concentrar, decida se prefere a abordagem lenta da dessensibilização sistemática ou se quer mergulhar de cabeça na inundação. Na abordagem de dessensibilização sistemática, você vai percorrer o processo passo a passo, de forma gradual, trabalhando até chegar às situações mais desafiadoras com o tempo. Na abordagem da inundação, vai começar com alguma das situações mais desafiadoras e trabalhá-la em um processo intenso. De fato, a inundação é mais rápida, mas as duas abordagens vão funcionar. Neste capítulo, vamos conduzi-lo pela abordagem da dessensibilização sistemática, ajudando-o a dividir o processo em uma hierarquia de degraus. Entretanto, você pode usar a inundação com facilidade simplesmente começando com as situações mais difíceis.

Criando uma hierarquia de exposição

Uma *hierarquia de exposição* é uma lista ordenada por degraus que você vai enfrentar em sequência para aprender novas respostas para uma situação específica. Em uma hierarquia, você divide uma determinada situação que provoque ansiedade em componentes menores e começa encarando aqueles que provocam menos ansiedade, avançando com o tempo para aqueles que são mais desafiadores.

Uma mulher com medo de fazer compras em um shopping serve de exemplo. Para ajudá-la a construir sua hierarquia, começaríamos pedindo que ela identificasse o comportamento mais estressante que podia ser exigido dela. Digamos que ela diga "entrar em uma loja lotada e esperar na fila até fazer uma compra". Em seguida pediríamos a ela que identificasse um comportamento relacionado que provocasse alguma ansiedade, mas que ela tem confiança de que poderia realizar. A isso ela poderia responder "eu podia entrar no estacionamento e encontrar uma vaga para estacionar". Para construir sua hierarquia, vamos usar essas duas situações como extremos e preencher os degraus intermediários. Então pediríamos à mulher que dissesse pelo menos cinco comportamentos relacionados que provocariam ansiedade em níveis entre os dois extremos. Sua lista poderia se parecer com algo assim:

- Selecionar um item para comprar.
- Segurar um item e pensar em comprá-lo.
- Andar do carro até a entrada do shopping.
- Fazer uma pergunta a um atendente sobre um item.
- Andar pelo shopping na companhia de um amigo incentivador.
- Sentir náusea (devido à ansiedade) em um lugar público.
- Andar sozinha pelo shopping.
- Andar sozinha pelo shopping quando ele está cheio.

Em seguida, pedimos a ela que ordenasse esses comportamentos daquele que gera menos ansiedade ao que gera mais, colocando-os entre os primeiros dois extremos que ela identificou. Uma escala do nível de ansiedade que vai de um a cem é útil para colocar os itens em uma ordem hierarquizada, de modo que o nível de ansiedade aumente a cada passo. Às vezes o que varia é o que a pessoa tem que fazer. Por exemplo, essa consumidora ansiosa sente mais ansiedade se tem que comprar algo do que quando simplesmente tem de circular pelo shopping. Em outros casos, os gatilhos podem ser diferentes, como estar em uma multidão ou fazer uma pergunta a um vendedor. Outros aspectos da situação que podem ser diferentes incluem a presença do apoio de uma pessoa ou a proximidade física de um gatilho. Você poria seus degraus hierarquizados em ordem considerando o nível de ansiedade que provavelmente experimentaria a cada passo. Então é hora de começar a praticar, trabalhando do item que menos provoca ansiedade até o que provoca mais ansiedade.

Em seguida há uma hierarquia de exposição para a consumidora ansiosa. Perceba como as situações são ordenadas em passos, em ordem crescente do nível de ansiedade. Como você vai ver, há um grande aumento de ansiedade entre o quarto e o quinto degraus.

Passo número	Descrição do comportamento ou situação	Nível de ansiedade (1-100)
1	Entrar de carro no estacionamento e encontrar uma vaga	15
2	Andar do carro até a entrada do shopping	15
3	Andar pelo shopping na companhia de um amigo incentivador	20
4	Andar pelo shopping sozinha	30
5	Sentir náusea em um lugar público	50
6	Andar pelo shopping sozinha quando ele está cheio	60
7	Escolher um item para comprar	70
8	Segurar um item e pensar sobre comprá-lo	75
9	Fazer uma pergunta a um atendente sobre um item	80
10	Esperar na fila até fazer uma compra	90

A exposição não é fácil. Ressaltamos que, se possível, você encontre um terapeuta especializado nesse tipo de terapia para orientá-lo e estimulá-lo ao longo do processo. Além de ajudá-lo a trabalhar de acordo com uma hierarquia, seu terapeuta pode lhe pedir que faça exercícios que podem ajudar a dessensibilizá-lo em relação às sensações físicas resultantes da ansiedade, como palpitações, respiração entrecortada e tontura. Isso pode incluir *exposição interoceptiva*, que usa estímulos como atividade vigorosa, hiperventilação intencional, respirar por um canudo ou girar em uma cadeira para ajudar as pessoas a ficarem mais acostumadas com alguns dos sintomas físicos da ansiedade.

Se você tem transtorno obsessivo-compulsivo, uma exposição hierarquizada também pode ajudá-lo a resistir a compulsões e então se expor a essas situações sem desencadear compulsões em resposta. Por exemplo, se tocar produtos enlatados resulta em uma compulsão por lavar as mãos, você tocaria produtos enlatados repetidas vezes sem lavar as mãos. Esse processo se chama *Exposição e prevenção de resposta*.

Praticando exposições

Depois de criar uma hierarquia, o objetivo é dar cada passo, permanecendo na situação até que sua ansiedade diminua ou a compulsão seja reduzida. Recomendamos usar a respiração profunda e outras técnicas de relaxamento do capítulo seis para lidar com a ansiedade que você sente em cada sessão. Você não precisa experimentar um alto nível de ansiedade para que ocorra uma reestruturação de seus circuitos, mas se a ansiedade é alta durante a exposição, isso pode acelerar o processo de mudança (Cahill, Franklin e Feeny, 2006).

Durante cada exposição, é vital não abandonar a situação por receio, pois isso vai reforçar os circuitos de medo. Você precisa permanecer na situação até sentir sua ansiedade diminuir, de preferência pela metade. Em outras palavras, se, em determinada situação, você avalia sua ansiedade inicial como oitenta, em uma escala de um a cem, não abandone a situação até que a ansiedade diminua para quarenta ou menos. (Frequentemente, você pode realmente sentir quando a amígdala registra a nova informação e se acalma.) Sua amígdala precisa aprender que a situação é segura e que não é necessário fugir.

Lembre-se: isso é algo que você precisa *mostrar* à amígdala; ela só aprende por meio da experiência.

A exposição a cada passo deve ser feita repetidamente para que ocorra uma mudança em sua amígdala. Normalmente, cada repetição de um passo específico é mais fácil que a anterior, mas às vezes há altos e baixos. Depois que você supera o item mais difícil em sua hierarquia e atinge seu objetivo, pode escolher outra situação temida para trabalhar e abordá-la da mesma maneira.

Quanto mais você é limitado por sua ansiedade, mais frequentemente vai precisar praticar a exposição para retomar o controle da vida. Além disso, assegure-se de planejar antes. Se você não estabelecer um horário para suas exposições e planejar repeti-las, não vai reestruturar seu cérebro e reduzir a ansiedade. Por fim, recomendamos que você recompense a si mesmo cada vez que superar um passo. Você merece uma recompensa por se submeter a esses exercícios difíceis!

Em toda sessão de exposição, a cada passo do caminho, monitore cuidadosamente seus pensamentos para que seu córtex não aumente sua ansiedade desnecessariamente, por se engajar em pensamentos autodepreciativos ou que provoquem ansiedade. Você está tentando reduzir a ansiedade com base na amígdala, não piorar a situação com pensamentos do córtex. Permaneça focado no passo que você está enfrentando, e não antecipe outras situações que estão acima em sua hierarquia.

Dicas úteis

Ao praticar a exposição, há algumas coisas que você deveria evitar fazer. Se você foge e então sente alívio, acaba ensinando sua amígdala que escapar é a resposta. Isso só vai fortalecer a ansiedade no futuro, quando sua amígdala tentar fazer com que você fuja outra vez. Por isso, resista à vontade de fugir. Permaneça no controle de seu comportamento; não deixe que a ansiedade assuma o controle sobre você.

Como mencionamos antes, também é importante monitorar seu córtex e ficar atento a pensamentos que podem aumentar seu medo. O córtex é capaz de piorar a situação criando pensamentos negativos. Quando você detecta autodepreciação ou pensamentos que geram ansiedade, tente substituí-los por pensamentos úteis para lidar com isso, como os seguintes:

- "Estou preparado para o aumento do meu medo."
- "Permanecer focado nessa situação. Isso é tudo o que eu preciso fazer."
- "Vou continuar respirando. Isso não vai durar muito."
- "Vou relaxar os músculos. Liberar a tensão."
- "Estou ativando meus circuitos de medo para mudá-los. Estou assumindo o controle."
- "Sei que o medo vai diminuir se eu esperar."
- "Preciso ativar para gerar."

Por fim, não use comportamentos que buscam segurança, que podem solapar todo o seu trabalho árduo durante uma exposição. A seguir, estão alguns exemplos de comportamentos que buscam segurança e que podem ser evitados:

- Ter remédios extras disponíveis para poder usá-los em uma emergência, de acordo com a prescrição de seu médico.
- Ter uma pessoa em quem você confie presente em todos os seus passos.
- Carregar diversos tipos de amuletos da sorte.
- Apegar-se a objetos.
- Usar óculos escuros.
- Sentar-se em uma posição ou lugar em particular.
- Falar no celular.
- Ficar perto de uma saída ou de um banheiro.

Quando você usa comportamentos que buscam segurança, a exposição é apenas parcial e não resulta nas mudanças no cérebro que você está buscando. Mas, se precisar usar comportamentos que buscam segurança durante alguns de seus passos, elimine-os em passos posteriores para garantir que todo o seu trabalho duro durante a exposição tenha o efeito desejado.

RESUMO

Neste capítulo, você aprendeu a reestruturar sua amígdala ativando-a na presença de gatilhos. Aprendeu a usar uma hierarquia para expor sua amígdala a gatilhos de forma gradual. O elemento mais importante na terapia de exposição é a prática, a prática e ainda mais prática. O único jeito de a amígdala aprender é por meio da experiência. Às vezes, isso vai ser perturbador ou mesmo ameaçador. Mas se você quer realmente superar sua ansiedade, precisa fazer esse trabalho difícil. Lembre-se, é uma proposta "Sem dor, sem ganho". Da mesma forma que ter uma barriga sarada exige fazer muitos exercícios abdominais, mudar respostas de medo exige que você encare situações temidas e as conquiste passo a passo. Criar um desvio e usá-lo com frequência é a melhor maneira de alcançar um alívio duradouro da ansiedade. Sua amígdala pode e vai mudar se você estiver disposto a empregar tempo e esforço e tiver coragem de desafiar seus medos e ensinar novas respostas a ela.

Capítulo 9

Dicas de exercícios físicos e práticas de sono para acalmar a ansiedade com base na amígdala

Diversos estudos de imagens neurológicas e experimentos neurofisiológicos mostraram que a amígdala pode ser fortemente influenciada tanto por exercícios físicos como pelo sono. Exercícios têm efeitos surpreendentemente poderosos na amígdala, superando muitos medicamentos contra a ansiedade em eficácia. Dormir também tem forte impacto no funcionamento da amígdala; a falta de sono leva a uma ansiedade maior. Neste capítulo, você vai aprender a fazer mudanças específicas em seu estilo de vida que podem aliviar a ansiedade com base na amígdala e também reduzir seu nível de estresse e melhorar sua saúde psicológica de forma geral.

SE EXERCITANDO PARA LIDAR COM A ANSIEDADE

A resposta de luta, fuga ou congelamento é programada na amígdala. Em vez de lutar contra essa resposta antiga, talvez devêssemos às vezes tentar trabalhar com ela. Se seu sistema nervoso simpático é ativado, você pode dar a ele o uso pretendido pela natureza. Em vez de resistir aos preparativos de seu corpo para lutar ou fugir, por que não buscar oportunidades de trabalhar com esse instinto e usar seus músculos de maneiras que vão reduzir a ativação da amígdala?

Períodos curtos de exercício aeróbico podem ser muito eficazes na redução da tensão muscular. E como você aprendeu no capítulo seis, relaxar os músculos pode ajudar a aliviar a ansiedade. Se você correr ou andar depressa quando se sentir ansioso, vai fazer uso de músculos que foram preparados para ação. Isso vai reduzir os níveis de adrenalina e usar a glicose liberada na corrente sanguínea pela resposta ao estresse. Depois que você se exercita, experimenta um relaxamento muscular substancial e duradouro. Nas seções a seguir, vamos examinar alguns dos efeitos dos exercícios físicos no corpo e no cérebro para ajudar a explicar por que são uma estratégia tão útil para lidar com a ansiedade.

Efeitos do exercício físico no corpo

O tipo de exercício que vai ser mais útil para aliviar a reação do SNS é o aeróbico, que utiliza grandes grupos de músculos em movimentos ritmados em um nível moderado de intensidade. Formas comuns de exercício aeróbico incluem correr, caminhar, andar de bicicleta, nadar e até dançar. Além disso, aderir a um programa regular de exercícios pode reduzir a ativação do SNS de forma mais geral (Rimmele et al., 2007), incluindo reduzir seu impacto na pressão sanguínea (Fagard, 2006) e no ritmo cardíaco (Shiotani et al., 2009). Isso ajuda a enfrentar os sintomas de uma amígdala ativada. Claro, exercícios têm muitos outros benefícios para o corpo. Por exemplo, exercício aeróbico tende a aumentar o nível de metabolismo e de energia de uma pessoa. Então, se você usar exercícios para ajudá-lo a lidar com a ansiedade, vai ter muitos benefícios extras.

Se você não tem se exercitado com regularidade, por favor, pense nos riscos em potencial. Consulte seu médico antes de começar, e aumente seu nível de atividade lentamente, não de uma só vez. Tenha em mente que algumas formas de exercício, como correr, são atividades de alto impacto, que podem causar diversas lesões. Entretanto, não deixe que a falta de experiência o desestimule, porque quase todo mundo pode fazer exercícios simples, como andar, sem muita dificuldade ou risco.

Exercícios e ansiedade

Recomendamos muito exercício físico como uma estratégia para reduzir a ansiedade porque, indo direto ao ponto, funciona. Diversos estudos demonstraram que atividades aeróbicas podem aliviar a ansiedade (Conn, 2010; DeBoer et al., 2012). Reduções na ansiedade são mensuráveis após apenas vinte minutos de exercício (Johnsgard, 2004). Isso é menos do que leva para a maioria dos remédios começar a fazer efeito. E funciona ainda melhor para pessoas com níveis mais altos de ansiedade (Hale e Raglin, 2002). Além disso, exercícios físicos são úteis para pessoas sensíveis aos sintomas físicos, como ritmo cardíaco acelerado ou falta de ar, porque essas sensações também estão associadas com exercícios. Portanto, se exercitar pode servir como uma forma de exposição que reduz o desconforto das pessoas em relação a essas situações (Broman-Fulks e Storey, 2008).

Em geral, as atividades físicas diminuem a tensão muscular por pelo menos uma hora e meia depois, e reduções na ansiedade duram de quatro a seis horas (Crocker e Grozelle, 1991). Se você pensar que vinte minutos de exercício contínuo podem gerar horas de alívio da tensão e da ansiedade, os benefícios são claros. Na verdade, se você antecipa que um acontecimento ou fase específicos de seu dia podem aumentar sua ansiedade, uma rotina de exercícios com horário programado pode permitir que você passe por esses momentos com menos efeitos nocivos. Em outras palavras, você pode conseguir permanecer calmo sem precisar tomar remédios.

Pense em Alli, uma garota de 17 anos que estava ansiosa em relação a uma reunião de família que aconteceria em sua casa. Suas dificuldades com ansiedade social fizeram com que o evento parecesse um pesadelo, e ela temia se sentir encurralada. Quando seu terapeuta sugeriu que Alli desse uma corrida se começasse a sentir pânico durante a reunião, ela revirou os olhos. Mas, no dia da reunião, acabou tentando. Em suas palavras: "Principalmente porque eu simplesmente queria sair dali!" Depois de uma corrida rápida pela vizinhança, Alli voltou para casa com uma sensação de alívio que a surpreendeu. Ela foi capaz de conversar com seus tios e tias sem ansiedade e declarou posteriormente: "Acredito realmente que minha amígdala achou que eu tinha escapado do perigo e se acalmou!" A partir daquele dia, ela entendeu os benefícios dos exercícios para a redução da ansiedade.

A prática de atividade física não apenas reduz a ansiedade no momento ou por algumas horas depois. Pesquisas mostram que seguir um programa regular de exercícios por pelo menos dez semanas pode reduzir o nível geral da ansiedade nas pessoas (Petruzzello et al., 1991).

Efeitos do exercício físico no cérebro

A descoberta de que exercícios reduzem a ansiedade levou a pesquisas sobre o que acontece em nossa mente para surtir tal efeito. Você provavelmente está familiarizado com o "barato do corredor", no qual as pessoas sentem uma sensação de euforia depois de cruzar alguns limites de esforço. Foi demonstrado que exercício aeróbico prolongado ou intenso provoca a liberação de endorfinas na corrente sanguínea, e esses neurotransmissores foram propostos como a causa da sensação de alegria (Anderson e Shivakumar, 2013). Endorfina é uma abreviação de "endogenous morphine" (morfina endógena), o que significa "substância semelhante à morfina, produzida naturalmente no corpo". E como isso sugere, esses compostos podem reduzir dor e produzir uma sensação de bem-estar com seus efeitos no cérebro.

Estudos com animais ajudaram a esclarecer o que pode acontecer no cérebro depois da prática de exercícios físicos. Quando oferecem a ratos de laboratório livre acesso à roda de correr, eles geralmente a usam. E mais: o nível de endorfinas em seus cérebros aumenta e permanece elevado por muitas horas, voltando aos padrões normais apenas depois de aproximadamente 96 horas (Hoffmann, 1997). Essa descoberta indica, mais uma vez, que os efeitos dos exercícios no cérebro duram muito mais tempo do que o período do exercício em si e podem, na verdade, persistir por dias. É bem possível que, quando você se exercita, esteja aumentando seu próprio nível de endorfina não apenas para aquele dia, mas por muitos dias depois.

Efeitos do exercício físico na amígdala

Mais uma pesquisa envolvendo ratos correndo demonstrou que exercícios mudam a química da amígdala, incluindo níveis alterados dos neurotransmissores norepinefrina (Dunn et al., 1996) e serotonina (Bequet et al., 2001). Exercícios parecem afetar um certo tipo de receptor de serotonina que é encontrado em grande quantidade no núcleo lateral da amígdala (Greenwood et al., 2012). Práticas regulares parecem deixar esses receptores menos ativos, resultando em uma amígdala mais calma e menos propensa a criar uma resposta de ansiedade (Heisler et al., 2007). Esse efeito calmante na amígdala depois de exercícios regulares foi encontrado em humanos (Broocks et al., 2001), assim como em roedores.

Efeitos de exercícios em outras partes do cérebro

Cientistas ficaram surpresos quando descobriram que exercícios podiam promover o crescimento de células cerebrais em roedores. Vinte anos atrás, o crescimento de células no cérebro não era considerado possível. Agora, pesquisadores sabem que correr em rodas aumenta os níveis de certos neurotransmissores e promove novo crescimento celular em ratos (DeBoer et al., 2012). Pesquisas também confirmam que exercícios promovem fatores que estimulam o crescimento de células em cérebros humanos (Schmolesky, Webb e Hansen, 2013), reforçando as evidências de neuroplasticidade — a habilidade do cérebro em mudar. Cientistas descobriram que apenas se exercitar já pode aumentar os níveis de neurotransmissores e promover o crescimento de novas células no cérebro humano.

Exercícios físicos produzem mudanças que afetam o córtex, assim como a amígdala. Endorfinas têm efeitos no córtex, e mudanças nos níveis desse e de outros neurotransmissores afetam diversas regiões no cérebro. Exercícios também produzem uma proteína (fator neurotrópico derivado do cérebro) que promove o crescimento de neurônios, especialmente no córtex e no hipocampo (Cortman e Berchtold, 2002). Além disso, estudos de imagens neurológicas de atividade cerebral indicam que exercícios tendem a alterar a ativação de certas áreas do córtex. Por exemplo, depois de correr em uma esteira por meia hora, homens mostraram maior ativação no córtex frontal esquerdo em comparação com a área frontal direita (Petruzzello e Landers, 1994). Maior ativação frontal esquerda foi associada a um estado de ânimo mais positivo, sugerindo que exercícios físicos podem estimular o córtex de um jeito que produz mais sensações positivas. Essas sensações positivas provavelmente vão ajudar a reduzir a ansiedade.

Avaliando o melhor tipo de exercício para cada um

O melhor tipo de exercício para você, tanto física quanto mentalmente, é o exercício que atenda aos seguintes critérios:

- Você gosta de fazer.
- Você vai continuar a fazer.
- É de intensidade moderada.
- Seu médico aprova.

Isso significa que você deve escolher um ou dois tipos de exercício para fazer pelo menos três vezes por semana por trinta minutos de cada vez. O que quer que você escolha, lembre-se: fazer seu coração bater e seu sangue circular tem muitos benefícios. Quando você sentir a melhora em seu estado de ânimo e a redução em seu nível geral de estresse, vai achar mais fácil dar seguimento a um programa de exercícios.

Exercício: Avaliando seu quociente de exercício

Este breve exercício vai ajudá-lo a avaliar seus atuais padrões de atividade física e reforçar seu compromisso com um programa regular e de longo prazo de atividade física. Tire um tempo para pensar em todas as seguintes perguntas.

- Com que frequência você se exercita por semana e quanto dura cada período de exercício?
- Você se sente menos ansioso depois do exercício?
- Se você não se exercita com regularidade, levaria em consideração começar um programa de exercícios para reduzir a ativação do SNS criada pela ansiedade?
- Que tipo de exercício mais agrada você?

SONO: UM TEMPO ATIVO PARA O CÉREBRO

A maioria das pessoas sabe quanto se sente mais renovada e alerta quando tem uma boa noite de sono, mas poucos entendem realmente o quanto o sono é importante para o cérebro. As pessoas tendem a ver o sono como um período no qual o cérebro desliga, mas, na verdade, este é um momento muito ativo para o cérebro. Tal como o coração ou o sistema imunológico, o cérebro continua a trabalhar enquanto você dorme; na verdade, durante certos períodos do sono, ele é mais ativo do que em qualquer hora em que você esteja acordado (Dement, 1992). Enquanto você dorme, seu cérebro está ocupado assegurando-se que hormônios sejam liberados, substâncias necessárias sejam produzidas e memórias sejam armazenadas.

Entretanto, ter um sono bom e repousante é frequentemente um desafio para pessoas que sofrem de ansiedade. Quando a ansiedade interfere no sono, isso se deve à influência da amígdala. Ao promover a ativação do SNS, a amígdala pode manter você em um estado de alerta que impede que você reduza seus ciclos para mergulhar em sono profundo. Preocupações geradas no córtex podem aumentar o problema ao expor você a pensamentos aflitivos que contribuem para a ativação via amígdala do SNS. Pior, se você não der passos para garantir que tenha um bom sono, corre o risco de tornar sua ansiedade ainda pior, já que dormir pouco pode deixar a amígdala propensa a mais respostas ansiosas.

Dificuldades de sono

Se você tem dificuldade para pegar no sono ou acorda antes da hora necessária e não consegue voltar a dormir, é importante que você leia esta seção. Muitas pessoas não têm consciência de que noites sem dormir têm efeitos prejudiciais na saúde, no cérebro e especificamente na amígdala. Não pressuponha que você está conseguindo dormir o suficiente se você não se sente cansado. Quando você é privado de sono, ainda pode se sentir alerta ou mesmo cheio de energia em situações estimulantes. E como pessoas ansiosas estão frequentemente em estado de alerta, com um SNS ativado, elas podem não se sentir sonolentas e por isso supor que não estão privadas de sono. Mas pode ser que elas estejam e apenas não reconheçam isso. Saiba que a carência de sono pode se manifestar de várias formas, entre elas um maior sentimento de ansiedade ou irritabilidade, dificuldade de concentração ou falta de motivação.

Exercício: Avaliando se dificuldades de sono são um problema para você

Para ajudá-lo a determinar se você tem problemas de sono, leia as frases a seguir e marque as que são verdadeiras para você.

___ Estou frequentemente irrequieto e acho difícil pegar no sono quando vou para a cama.

___ Já usei medicamentos ou álcool para me ajudar a dormir.

___ Preciso de silêncio completo para dormir. Qualquer barulho impede que eu relaxe.

___ Frequentemente levo mais de vinte minutos para pegar no sono.

___ Frequentemente me sinto sonolento, pego no sono ou cochilo durante o dia.

___ Não vou para a cama nem acordo em um horário consistente.

___ Acordo cedo demais e não consigo voltar a dormir.

___ Não consigo ter um sono profundo. Simplesmente não consigo relaxar.

___ Quando me levanto da cama de manhã, não me sinto descansado.

___ Tenho medo de tentar ir dormir à noite.

___ Eu dependo de cafeína para passar o dia desperto.

Quanto mais dessas frases você marcar, é mais provável que você esteja com déficit de sono. *Déficit de sono* ocorre quando as pessoas não estão dormindo tanto quanto precisam, e as horas de sono perdidas começam a se acumular. A maioria dos adultos precisa de sete a nove horas de sono por noite. A cada noite que você perde uma hora ou mais de sono, seu déficit cresce. Então, mesmo que você durma o suficiente em uma determinada noite, ainda pode se sentir sonolento ou irritável no dia seguinte em razão de um déficit acumulado de sono.

Falta de sono e a amígdala

Sono ruim tem efeitos prejudiciais no cérebro humano. Pessoas que não dormem o suficiente têm dificuldade de concentração, problemas de memória e em geral uma saúde pior. Mas neste capítulo estamos particularmente interessados em como a falta de sono afeta a amígdala, por isso vamos dar uma olhada no que revelam pesquisas sobre essa questão. Estudos mostraram que a amígdala reage mais negativamente à falta de sono que outras partes do cérebro.

Em um estudo (Yoo et al., 2007), um grupo de pessoas foi mantido sem dormir uma noite e outro grupo teve permissão de dormir normalmente. Então, por volta das 17 horas, todos foram levados para um laboratório e lhes foram mostradas diversas imagens, tanto positivas quanto negativas, enquanto os cientistas usavam ressonância magnética funcional para observar como suas amígdalas reagiam. As pessoas privadas de sono, que estavam havia aproximadamente 35 horas sem dormir, tiveram cerca de 60% mais de ativação da amígdala em resposta às imagens negativas (Yoo et al., 2007). Então saiba que, se você não está dormindo bem, é mais provável que sua amígdala fique reativa e faça com que você experimente ansiedade ou outras reações emocionais, como raiva ou irritabilidade.

Quando dormimos, passamos por diferentes estágios de sono em um padrão particular. Circulamos por esses estágios diferentes de modo repetitivo, e o sono com movimento rápido dos olhos (REM em inglês) normalmente ocorre várias vezes ao longo da noite. O sono REM é o estágio do sono em que acontecem os sonhos. Também é um momento em que memórias são consolidadas e neurotransmissores são repostos. Pesquisadores descobriram que uma reação mais branda da amígdala está associada a mais tempo de sono REM (Van der Helm et al., 2011). Isso sugere que ter um bom sono, especialmente sono REM suficiente, pode ajudar a acalmar a amígdala.

No seu esforço para conseguir boas noites de sono, é importante entender quando ocorre o sono REM. Ele acontece mais tarde no ciclo do sono e suas fases se tornam mais frequentes no fim do período de sono. Muitas pessoas não percebem que um longo período dormido é necessário para entrar nesses estágios de sono REM. Por isso, quatro horas de sono, seguidas de uma hora acordado e depois mais quatro não são iguais a oito horas de sono ininterrupto. Quando você volta a dormir depois de ficar acordado, mesmo por meia hora, o ciclo de sono reinicia, então você vai levar muitas horas mais para completar um período inteiro dormindo. Não é como voltar a assistir a um filme de onde você parou. É como ter que ver todo o filme outra vez, desde o começo.

Lidando com dificuldades no sono

Depois de ler essa informação sobre o sono, você pode estar pensando: *Quero dormir bem, mas não é fácil!* Claro, nossa cultura atual de viver 24 horas, com mídias, shoppings e restaurantes disponíveis a qualquer hora, pode impedir que tenhamos boas noites de sono com regularidade. Certos estágios da vida também deixam a pessoa vulnerável à privação do sono, incluindo os anos de faculdade ou os primeiros meses da maternidade.

Muitas pessoas tratam o sono como um luxo que pode ser negligenciado quando necessário. Para acalmar a ansiedade, você precisa resistir a influências que interfiram no dormir saudável. Entretanto, a ansiedade em si prejudica a capacidade das pessoas de dormir, sendo bem comum a dificuldade para pegar no sono ou a rotina de acordar antes da hora. Ao lidar com essas dificuldades, é útil saber o que ajuda e o que piora esse problema.

A melhor abordagem para melhorar o sono é examinar suas rotinas relacionadas a isso para se assegurar de que elas são saudáveis. As práticas a seguir podem ajudar muito você a conseguir uma boa noite de sono:

- Antes de ir dormir, pratique faça sua rotina de exercícios de relaxamento.
- Elimine estímulos de luz uma hora antes de ir para a cama.
- Exercite-se durante o dia.
- Estabeleça um horário consistente para dormir e acordar.
- Evite cochilos.
- Perto da hora de deitar, substitua pensamentos ativos por pensamentos relaxantes.
- Se preocupações o assombram na hora de ir para a cama, crie uma hora para preocupações durante o dia.
- Assegure-se de que o ambiente onde você dorme contribua com o sono.
- Evite cafeína, álcool e comidas apimentadas no fim da tarde e início da noite.
- Use técnicas de respiração para relaxamento para se preparar para dormir.
- Se você não consegue pegar no sono após trinta minutos na cama, levante-se e faça alguma coisa relaxante.
- Use sua cama basicamente para dormir.
- Evite usar auxílios para dormir.

As sugestões são todos exemplos de boa *higiene do sono*. (Para baixar um documento com mais detalhes sobre práticas para um bom sono, visite o site da Ediouro. Veja no fim do livro o QR Code para acessá-lo.)

RESUMO

Claramente, hábitos de estilo de vida podem ter uma forte influência em sua amígdala. Se você praticar com regularidade exercício aeróbico, especialmente exercícios que usam grandes grupos de músculos, o efeito positivo em sua amígdala e em seu córtex pode ajudar a melhorar seu estado de ânimo. Exercícios físicos também aumentam a neuroplasticidade, tornando sua amígdala e seu córtex muito mais reativos à reestruturação que você está tentando obter. Além disso, garantir que você está conseguindo sono de boa qualidade e suficiente pode acalmar a amígdala e torná-la menos reativa às situações de sua vida diária, processando os estresses que experimenta de forma mais calma.

Ao longo da parte dois do livro, você aprendeu muitas técnicas para influenciar os circuitos de sua amígdala e mantê-la calma. Agora é hora de se voltar para o córtex, que também é capaz de iniciar, exacerbar ou reduzir a ansiedade. Como você viu neste capítulo, quando se trata de reduzir a ansiedade, exercícios físicos e sono podem beneficiar tanto o córtex quanto a amígdala. Na parte três deste livro, vamos olhar com atenção para outras maneiras de assumir o controle de sua ansiedade com base no córtex.

Parte 3
Assumindo o controle de sua ansiedade com base no córtex

Capítulo 10
Pensando em padrões que causam ansiedade

As pessoas tendem a tratar suas emoções como se não tivessem controle sobre elas. Mas como você está aprendendo, é possível influenciar os processos neurológicos subjacentes que dão origem à ansiedade. Na parte dois do livro, olhamos profundamente para como influenciar e reestruturar a amígdala. Aqui, na parte três, vamos fazer o mesmo com o córtex. É possível mudar imagens, pensamentos e comportamentos produzidos pelo córtex, e você pode fazer isso de maneiras que vão lhe dar mais controle sobre a ansiedade com base nessa via.

Muitas pessoas estão familiarizadas com a ideia de usar pensamentos para controlar a ansiedade, aprendendo sobre essa abordagem com terapeutas ou lendo sobre como pensamentos, ou cognições, contribuem para gerar ansiedade. Há muito mais recursos disponíveis para ajudar pessoas a usar abordagens com base no córtex do que abordagens com base na amígdala. Por enquanto, é essencial que você entenda como abordagens diferentes podem ajudá-lo a reestruturar seu córtex, então você vai saber o que quer alcançar quando usar essas técnicas. Nosso objetivo não é explicar em detalhes todas as abordagens com base no córtex, mas mostrar a você como essas estratégias contribuem para o processo de reestruturação para aliviar a ansiedade de formas duradouras.

Como mencionado na introdução, "cognição" é o termo psicológico para processos do córtex aos quais a maioria das pessoas se refere como "pensar". Talvez os mais conhecidos pioneiros do tratamento cognitivo sejam o psiquiatra Aaron Beck e o psicólogo Albert Ellis, que propuseram que a ansiedade pode ser gerada ou agravada por certos tipos de pensamento. Os dois sugeriram que a ansiedade resulta da forma como as pessoas interpretam acontecimentos e às vezes distorcem a realidade como resultado de certos processos de pensamento. Por exemplo, você pode enfatizar exageradamente o perigo de uma situação, como temer um acidente de avião apesar da segurança geral das viagens aéreas. Ou você pode interpretar o comportamento de outra pessoa como pessoalmente relevante quando nada tem a ver com você, como supor que alguém está falando durante sua apresentação porque você é chato. Cognições podem nos fazer antecipar problemas que nunca vão acontecer ou nos preocupar com sensações corporais que são bastante inofensivas.

REESTRUTURAÇÃO COGNITIVA

A ideia subjacente à abordagem conhecida como *terapia cognitiva* é que algumas cognições não são lógicas nem saudáveis e podem criar ou exacerbar padrões de comportamento ou estados mentais prejudiciais. Terapeutas cognitivos se concentram em identificar e mudar pensamentos autodepreciativos ou disfuncionais, em especial pensamentos que levem a níveis mais altos de ansiedade ou depressão. Essa abordagem é conhecida como *reestruturação cognitiva*. A reestruturação cognitiva para combater a ansiedade atua diretamente no caminho do córtex. Quando terapeutas cognitivos discutem pensamentos autodepreciativos ou disfuncionais, eles estão focados nos processos que ocorrem no córtex, principalmente no hemisfério esquerdo. Claro, sempre que tentamos mudar nossos pensamentos, estamos tentando de algum modo modificar o córtex. Nossos pensamentos não são simplesmente um resultado de processos neurológicos e químicos no cérebro: eles *são* os processos neurológicos e químicos no cérebro. Na reestruturação cognitiva, os pensamentos que você produz são usados para reestruturar o encéfalo.

Como você tem aprendido, os processos no cérebro que criam medo e ansiedade podem acontecer e frequentemente ocorrem sem envolvimento do córtex. Na verdade, através do caminho da amígdala, respostas de medo podem ser postas em ação antes que o processamento do córtex esteja completo. Isso, porém, não significa que pensamentos e interpretações não importam. Eles sem dúvida têm um impacto. É crucial ter uma compreensão clara das formas como os pensamentos podem afetar as reações da amígdala e das formas em que seu impacto é limitado.

Como a ansiedade pode ocorrer automaticamente, sem informação do processamento cognitivo do córtex, mudar pensamentos nem sempre pode prevenir a ansiedade. Pense em dois adolescentes que estão esperando pelos resultados de seus exames de direção. Jose ficou preocupado se tinha passado, duvidando de suas respostas e imaginando lhe dizerem que ele não podia tirar a carteira de habilitação. Enquanto isso, o pai de Ricardo ficou contando piadas para ele depois de fazer a prova, o que impediu que o filho se concentrasse na possibilidade de reprovação. Graças às brincadeiras que o distraíram, Ricardo não pensou em resultados potencialmente negativos. No fim, os dois foram aprovados, mas só Jose tinha passado por um período de espera estressante e ansioso. Quando as pessoas mudam seus pensamentos, podem ser capazes de prevenir que processos com base no córtex contribuam para sua ansiedade.

Estratégias de reestruturação cognitiva também têm o potencial de limitar a ansiedade com base na amígdala. Frequentemente, o córtex *agrava* a ansiedade iniciada pela amígdala. Mas, em vez de jogar gasolina no fogo, você pode aprender a controlar o que está imaginando, pensando ou dizendo a si mesmo e permanecer mais equilibrado. Por mais difícil que pareça alterar pensamentos e processos cognitivos, é mais fácil que lidar com as reações emocionais criadas pela amígdala em resposta a pensamentos que provocam ansiedade. Se você entender a conexão entre o que pensa com base no córtex e a ativação de sua amígdala e reconhecer a quantidade de ansiedade que pode evitar mudando sua mente, você vai se motivar para trabalhar o uso de seu córtex para resistir à ansiedade. E esse trabalho tem resultados mais prolongados. Ao mudar seus pensamentos, você pode estabelecer novos padrões de resposta no cérebro que se tornam estáveis e duradouros.

O PODER DE INTERPRETAÇÕES

No capítulo três, discutimos como as interpretações do córtex podem aumentar a ansiedade. Quando você experimenta uma situação ou acontecimento, a situação ou o acontecimento em si não fazem com que você tenha uma emoção. Apesar do fato de as pessoas frequentemente dizerem coisas como "Meu marido me deixa com muita raiva", não é seu cônjuge que causa a reação emocional. A *interpretação* feita pelo córtex da situação é o que leva à reação emocional. Por exemplo, o córtex pode oferecer uma interpretação como "Ele devia perceber o que eu faço certo e não se concentrar nos meus erros", que leva a sentimentos de raiva. Se você duvida disso, pense que pessoas diferentes têm reações emocionais diferentes ao mesmo acontecimento. Portanto, o acontecimento não pode ser a casa da emoção.

Como exemplo, considere essa situação: Josh não aparece para um jantar marcado com Monique e Jayden. Jayden fica furiosa com Josh e expressa sua raiva. Monique, por outro lado, não está muito preocupada e apenas quer aproveitar seu tempo com Jayden, que ela não encontrava havia semanas. O acontecimento é o mesmo para as duas mulheres: Josh não aparece. Mas suas interpretações são obviamente bem diferentes. A interpretação de Jayden pode ser *Josh devia fazer o combinado quando ele diz que vem* ou *Ele não tem nenhum respeito por nós*, levando à sua reação de raiva. Em contraste, Monique tem uma interpretação diferente: *Esta é uma oportunidade de passar algum tempo sozinha com minha amiga Jayden*. Sua interpretação não resulta em sentimentos de raiva. Observe que cada uma dessas interpretações vai levar a um sentimento diferente, demonstrando que é a leitura do cenário, não o cenário em si, que causa o sentimento específico.

Claro, há outras interpretações possíveis, e elas vão levar a sentimentos diferentes. Se Jayden se sentisse ansiosa em vez de sentir raiva, que interpretações podiam ter levado a essa emoção? Se ela se sentisse triste, que interpretações podiam ter levado ao sentimento de tristeza? É importante aprender que a interpretação que você faz da situação pode afetar fortemente a resposta emocional que acontece. (Diagramas mostrando a influência de interpretações nesses exemplos estão disponíveis para baixar no site da Ediouro; veja no fim do livro o QR Code para acessá-lo.)

Tendo consciência de suas interpretações durante situações estressantes e levando em conta a possibilidade de modificá-las, você pode começar a assumir o controle das reações emocionais causadas pelo córtex. Mudar suas interpretações nem sempre vai ser fácil, porque elas frequentemente são moldadas por suas experiências e expectativas passadas. Pode dar algum trabalho refletir sobre a situação e identificar a forma como você quer interpretá-la. Além disso, você pode nem sempre querer alterar suas reações emocionais; às vezes elas podem ser apropriadas ou úteis. Porém, ter a habilidade de alterar as interpretações de seu córtex frequentemente ajuda bastante a reduzir sua ansiedade.

Exercício: Mudando suas interpretações para reduzir a ansiedade

Reconhecer que sua interpretação da situação, e não a situação em si, está causando ansiedade dá a você um novo meio para reduzir sua ansiedade. Você pode usar uma abordagem com base no córtex e mudar suas interpretações para reduzir a ativação da amígdala.

Digamos que Liz esteja experimentando ansiedade em relação aos trabalhos escritos de sua aula de inglês. Como na figura 5 (no capítulo três), três elementos estão em ação aqui: o acontecimento, a interpretação fornecida pelo córtex de Liz e sua emoção (ansiedade). Quando Liz recebeu de volta um trabalho escrito recente, ela viu que a professora havia colocado muitos comentários no papel e pensou consigo mesma: *Todos esses comentários estão apontando meus erros. Sou obviamente uma escritora horrível, e vou ser reprovada nesse curso.* Imediatamente após ter esses pensamentos, Liz sentiu náusea, começou a tremer e se sentiu oprimida. Seus pensamentos tinham, sem dúvida, acionado sua amígdala.

Mas depois, quando Liz realmente leu os comentários da professora, viu que alguns deles eram realmente correções, e outros eram elogios, feedback útil ou reações da professora a provocações que ela tinha escrito. Sua nota foi um B, não um desastre, mas com espaço para melhoria. Agora Liz tem uma oportunidade de mudar sua interpretação. Na próxima vez que ela receber de volta um trabalho com comentários escritos, ela pode pensar: *Minha professora está me dando feedback útil. Vou aprender a ser uma escritora melhor e posso aumentar a minha nota.* Nitidamente, essas interpretações do mesmo acontecimento não vão criar o mesmo nível de ansiedade.

As situações nas quais você sente ansiedade podem proporcionar oportunidades para você examinar as interpretações que seu córtex está fornecendo. Tenha três elementos em mente: acontecimento, interpretação e emoção resultante. Aprenda a reconhecer suas interpretações, então pense em como modificá-las para reduzir a ansiedade.

Experimente isso agora: em uma folha de papel, liste várias situações em que você sente ansiedade. Então, para cada uma, veja se você consegue identificar as interpretações que o levam a reagir de maneira ansiosa. (Se você tiver dificuldade com isso, os exercícios posteriores neste capítulo vão ser úteis. Os itens que você marcar nessas avaliações vão proporcionar algum entendimento do tipo de interpretação que você precisa reconhecer e modificar.)

Em seguida, passe algum tempo pensando em interpretações alternativas para cada interpretação geradora de ansiedade que você identificou. Se brincar um pouco com isso, provavelmente vai poder ver como interpretações diferentes podem levar a uma ampla gama de respostas emocionais. Claro, para reduzir sua ansiedade, você vai querer se concentrar em interpretações que levem a um estado mental mais calmo e equilibrado. (Se você precisa de ajuda para pensar em interpretações alternativas, a sessão sobre pensamentos para lidar com a ansiedade no capítulo 11 vai ser útil.)

Depois de identificar interpretações alternativas, recomendamos que você as diga em voz alta para estabelecê-las mais completamente. Isso vai reforçar sua habilidade de modificar interpretações. No início, o processo de alterar interpretações pode parecer estranho; você pode não achar seus novos pensamentos convincentes. Mas, com o tempo, vai descobrir que eles se tornam mais fortes e surgem por conta própria com mais frequência. Quanto mais deliberadamente você usá-los, mais os pensamentos vão se tornar parte de seu modo habitual de responder. Lembre-se: o córtex opera com base na "sobrevivência do mais ocupado" (Schwartz e Begley, 2003, 17).

Mudar seus pensamentos não é fácil, mas se você dedicar alguma atenção a perceber suas interpretações e se dedicar a olhar para as situações de maneira diferente, você consegue. Isso vale o esforço, já que mudar seus pensamentos antes que sua amígdala seja ativada é muito mais fácil que se acalmar quando a amígdala está envolvida.

IDENTIFICANDO COMO SEU CÓRTEX DÁ INÍCIO À ANSIEDADE

No resto deste capítulo, vamos examinar vários tipos comuns de pensamentos que frequentemente ativam a amígdala. Aprender a reconhecê-los em diversas situações é um passo importante para usar técnicas de reestruturação cognitiva e *mindfulness* (ambos discutidos no capítulo 11) para reduzir sua ansiedade. Se você muda seus pensamentos, estabelece novos padrões de resposta no cérebro, que resistem e o protegem da ansiedade.

Como pensamentos que produzem ansiedade surgem automaticamente, você pode não ter consciência das várias maneiras como o córtex gera a preocupação. Nas páginas seguintes, oferecemos uma série de exercícios que vão ajudá-lo a identificar processos com base no córtex que contribuem para sua ansiedade. Observe que essas avaliações não são testes criados profissionalmente; elas são oferecidas apenas para ajudar você a refletir sobre a natureza de seus próprios processos de pensamento. Ao completar cada avaliação, pense cuidadosamente nos exemplos e seja honesto quando detectar que eles são um reflexo de sua experiência com a ansiedade.

Chamamos todas as tendências com base no córtex de *pensamentos ativadores de ansiedade,* porque elas têm o potencial de ativar a amígdala. Na verdade, elas podem ser uma fonte primária de sua ansiedade.

Exercício: Avaliando suas tendências pessimistas

Uma das maneiras mais simples de ver a influência de seu córtex é considerar a imagem geral que você tem de si mesmo, do mundo e do futuro. Parte do trabalho do córtex é ajudá-lo a interpretar suas experiências e fazer previsões sobre o que provavelmente vai acontecer no futuro. Sua perspectiva geral pode ter um impacto maior nesse processo. Enquanto algumas pessoas tendem a ser mais otimistas, outras acabam sendo pessimistas e esperam pelo pior. O otimismo é mais comum, e ele tende a resultar em menos ansiedade. Se você tem a tendência de ser pessimista, provavelmente vai ser mais ansioso. Além disso, uma atitude pessimista pode deixá-lo menos disposto a tentar mudar sua ansiedade, porque você não espera sucesso.

Esta avaliação vai ajudá-lo a examinar se você tem a tendência de se engajar em pensamentos negativos e pessimistas. Leia as frases a seguir e marque as que se aplicam a você.

___ Quando tenho de fazer uma apresentação ou uma prova, me preocupo muito com isso e temo não ir bem.

___ Geralmente espero que, se uma coisa pode dar errado, ela dê errado.

___ Frequentemente me convenço de que minha ansiedade nunca vai acabar.

___ Quando escuto que algo inesperado aconteceu com alguém, normalmente imagino que seja algo negativo.

___ Frequentemente me preparo para acontecimentos negativos que temo que vão acontecer, mas raramente ou nunca acontecem.

___ Se não fosse a má sorte, eu não teria sorte nenhuma.

___ Algumas pessoas querem melhorar suas vidas, mas parece não haver esperança disso para mim.

___ A maioria das pessoas vai decepcionar você, por isso é melhor não esperar muito delas.

Se você marcou muitas dessas frases, mostra sinais de pensamento pessimista.

Otimismo versus *pessimismo no córtex*

O otimismo é mais associado com a ativação do hemisfério esquerdo, enquanto o pessimismo é associado com o hemisfério direito (Hecht, 2013). O hemisfério direito se concentra mais em identificar ameaças e no que pode dar errado, então uma maior ativação do hemisfério direito está associada a mais avaliação negativa. Demonstrou-se que tentar deliberadamente ter uma visão positiva da situação ativa o hemisfério esquerdo (McRae et al., 2012), o que é prova de que uma atitude pessimista pode ser modificada.

O *núcleo accumbens*, uma estrutura nos lobos frontais, também tem um papel nisso. Ele é um centro de prazer no cérebro, que está envolvido com esperança, otimismo e antecipação de recompensas. É onde o neurotransmissor dopamina é liberado, e estudos mostraram que quando os níveis de dopamina no cérebro estão mais altos, expectativas negativas são reduzidas e o otimismo aumenta (Sharot et al., 2012). O neurocientista Richard Davidson descobriu que quanto maior a atividade no núcleo accumbens, mais positiva é a visão que a pessoa tem (Davidson e Begley, 2012). Davidson diz que essa parte do cérebro está por trás de abordagens positivas da vida, e alguns pesquisadores chegaram mesmo a descobrir que o núcleo accumbens reage diferentemente em pessimistas e otimistas (Leknes et al., 2011). Outros pesquisadores descobriram que otimistas são mais propensos a ter maior ativação no *córtex cingulado anterior*, uma estrutura cerebral no lobo frontal (Sharot, 2011).

Independentemente de podermos ou não identificar áreas específicas no córtex onde tendências otimistas *versus* pessimistas se desenvolvem, é claro que o pessimismo pode ser modificado — e que vale muito a pena trabalhar nisso. Pessoas otimistas tendem a ser mais felizes, a lidar melhor com as adversidades e a ter saúde melhor (Peters et al., 2010). Elas são mais motivadas a tentar fazer coisas e, quando fracassam, a tentar de novo, já que esperam que algo bom resulte de seus esforços (Sharot, 2011). Elas tendem a se preocupar menos e a se concentrar em resultados positivos, sejam suas expectativas válidas ou não.

De modo inverso, o pessimismo tem mais chance de levar ao desânimo, ao retraimento e à desistência. Pessimistas são mais propensos a se preocupar, a imaginar resultados indesejados e a se fixar nas durezas da vida. Concentrar-se no negativo simplesmente não é um jeito recompensador de viver emocionalmente. Se o pessimismo é um fator para você, você vai se beneficiar das intervenções com base no córtex discutidas no capítulo 11, incluindo deter o pensamento, reestruturação cognitiva, afirmações para lidar com a ansiedade e *mindfulness*.

Exercício: Avaliando sua tendência a se preocupar

Preocupação é uma fonte de ansiedade para muitas pessoas e é dificuldade central para aquelas com transtorno de ansiedade generalizado. Preocupação pode envolver imagens ou pensamentos. Ela tem um foco na solução de problemas que tem a função de gerar respostas para dificuldades esperadas no futuro. Se você tem o hábito de pensar em possíveis acontecimentos negativos, a preocupação pode ter um papel na sua ansiedade.

Esta avaliação vai ajudá-lo a identificar se você tem tendência a se preocupar. Leia as frases a seguir e marque as que se aplicam a você.

___ Sou bom em imaginar todos os tipos de coisa que podem dar errado em situações específicas.

___ Às vezes me preocupo de que meus sintomas sejam o resultado de alguma doença que ainda não foi diagnosticada.

___ Sei que tenho a tendência de me preocupar com coisas triviais.

___ Quando estou ocupado no trabalho ou em outras atividades, não sinto tanta ansiedade.

___ Mesmo quando as coisas estão indo bem, pareço pensar no que podia dar errado.

___ Às vezes sinto que se não me preocupar com situações específicas, algo sem dúvida vai dar errado.

___ Se há uma pequena possibilidade de que algo negativo possa acontecer, tendo a me apegar a essa possibilidade.

___ Tenho dificuldade para dormir por causa de minhas preocupações.

Se você marcou muitas dessas frases, tem uma tendência a se preocupar.

Circuitos de preocupação no córtex

A ansiedade nem sempre é causada pelo que está acontecendo de verdade em nossas vidas. Devido à habilidade do córtex de antecipar, a ansiedade pode se desenvolver a partir de pensamentos com base no córtex sobre coisas que não aconteceram e que talvez nunca aconteçam. Preocupações são basicamente pensamentos sobre resultados negativos com o potencial de se tornarem reais. Como mencionado, isso pode envolver imagens ou pensamentos, e frequentemente envolve pensamentos com a solução de problemas que servem para prevenir ou minimizar dificuldades futuras antecipadas. Ironicamente, essas tentativas de solucionar problemas que podem nem mesmo acontecer geram muita aflição e servem de combustível da ansiedade. Como observou o político e cientista do século XIX John Lubbock (2004, 188), "Um dia de preocupação é mais cansativo que uma semana de trabalho."

A preocupação, na maior parte das vezes, surge no *córtex orbitofrontal*, uma parte dos lobos frontais que fica acima e atrás dos olhos. Essa é a estrutura cerebral que leva em consideração vários resultados possíveis, tanto bons quanto ruins, e toma decisões sobre como agir em situações futuras (Grupe e Nitschke, 2013). O córtex orbitofrontal nos dá a capacidade de planejar e exibir autocontrole, permitindo que nos preparemos para acontecimentos futuros de maneiras como os outros animais não podem se preparar. Mas nossa habilidade de pensar em diferentes resultados em potencial e tomar decisões com base em previsões é uma faca de dois gumes. Ela pode nos ajudar a antecipar o que vai acontecer, de modo que consigamos cumprir prazos, fazer o jantar na hora e planejar nossas carreiras, por exemplo. Mas quando a antecipação e a tomada de decisões se manifestam como preocupação, nos concentramos basicamente em resultados potencialmente negativos e começamos a imaginar ou levar em conta acontecimentos que são muito improváveis. Alguns pesquisadores sugerem que a preocupação seja uma forma de tentar usar o processo verbal do hemisfério esquerdo para evitar imagens negativas do hemisfério direito (Compton et al., 2008).

Uma segunda parte do córtex pré-frontal, o córtex cingulado anterior, também está envolvida na criação de preocupação. Ele fica em uma das partes mais antigas do córtex pré-frontal e, como está perto do centro do cérebro, serve como ponte entre o córtex e a amígdala e nos ajuda a processar reações emocionais no cérebro (Silton et al., 2011). Às vezes, o córtex cingulado anterior pode estar hiperativo, talvez por falhas no jeito como se desenvolveu ou devido aos níveis de certos neurotransmissores. Em vez de transmitir informação sobre pensamentos e emoções entre o córtex e a amígdala como deveria e passar suavemente de uma ideia para outra, ele pode ficar preso em certas ideias ou imagens. O fluxo contínuo de informação de um lado para o outro entre o córtex frontal e a amígdala, que permitiria mais flexibilidade de pensamento e reação, fica preso em um ciclo vicioso. Quando isso acontece, as pessoas ficam preocupadas em solucionar problemas que ainda nem se desenvolveram. Chamamos isso de "circuito de preocupação" no córtex. Isso é bem diferente do planejamento ou da solução eficaz de problemas. Se você tem dificuldades com a preocupação, vai se beneficiar das estratégias discutidas no capítulo 11, que incluem distrair-se, deter os pensamentos, conhecer técnicas de reestruturação cognitiva e *mindfulness* e aprender a planejar em vez de se preocupar.

Exercício: Avaliando sua tendência na direção de obsessões ou compulsões

Como discutido no capítulo três, obsessões envolvem estar preocupado com uma situação em particular e ser incapaz de parar de pensar nisso. Compulsões, ou a tendência de se envolver repetidas vezes em comportamentos específicos, podem oferecer alívio temporário, mas como elas não são soluções realmente eficazes, a necessidade de desempenhá-las surge repetidas vezes, frequentemente em um ciclo crescente. Se você se vê preocupado com certos pensamentos ou preso em desempenhar certas compulsões, esse é, sem dúvida, um problema que surge do caminho do córtex.

Esta avaliação vai ajudá-lo a identificar se as dificuldades com obsessões ou o apego a pensamentos são uma questão para você. Leia as frases a seguir e marque as que se aplicam a você.

___ Posso passar muito tempo repetindo certos acontecimentos em minha mente.

___ Quando cometo algum tipo de erro ou me esqueço de fazer alguma coisa, levo muito tempo para aceitar isso.

___ Se um amigo ou parente me decepciona, pode levar meses para que eu deixe de estar aborrecido e volte a me dar bem com a pessoa.

___ Costumo me sentir muito irritado se não consigo manter certos objetos arrumados ou em boas condições.

___ Posso ficar preocupado com organizar, contar ou equilibrar as coisas.

___ Preciso verificar repetidas vezes as coisas para reduzir minha ansiedade, seja verificando com pessoas ou inspecionando algo, como meu forno.

___ Em muitas situações, simplesmente não consigo parar de pensar no risco de contaminação, germes, produtos químicos ou doenças.

___ Pensamentos ou imagens desagradáveis me vêm frequentemente à mente, e não consigo eliminá-los.

Se você concordou com muitas dessas frases, o pensamento obsessivo pode ser uma fonte de sua ansiedade.

Obsessão e compulsão: apegando-se a certos pensamentos ou comportamentos

O córtex pode aumentar sua ansiedade quando ele não se liberta de certa ideia ou comportamento. Quando isso acontece, você se sente preocupado com um pensamento em particular e fica incapaz de parar de pensar nisso, e você pode se ver envolvido repetidas vezes em comportamentos projetados para enfrentar o pensamento. Pense em Juanita, que tinha uma obsessão pela possível contaminação de suas mãos com sujeira ou germes, e não conseguia parar de pensar em tudo o que poderia estar contaminando suas mãos. Ela também tinha a compulsão de lavar as mãos repetidas vezes e por longos períodos, ao ponto de racharem e sangrarem. O problema era que, alguns minutos depois de lavar as mãos, ela começava a temer ter sido contaminada outra vez, repetindo todo o processo.

Embora várias áreas do córtex possam estar envolvidas em obsessões, elas parecem estar associadas com a ativação das mesmas áreas do córtex envolvidas com a preocupação: o córtex orbitofrontal e o córtex cingulado anterior. O circuito que conecta essas duas áreas também foi foco de investigação (Ping et al., 2013). Muitos estudos de imagens neurológicas mostram ativação excessiva do córtex orbitofrontal entre pessoas com transtorno obsessivo-compulsivo (Menzies et al., 2003). Entretanto, essa disfunção não precisa ser permanente. Uma pesquisa mostrou que terapia cognitivo-comportamental pode reduzir sintomas obsessivos (Zurowski et al., 2012), e que essa redução está associada a mudanças na ativação do córtex orbitofrontal (Busatto et al., 2000).

Em relação ao envolvimento do córtex cingulado anterior, essa parte do cérebro deve nos ajudar a passar suavemente entre abordagens diferentes para responder aos problemas. Mas como mencionado na discussão da preocupação, às vezes ele parece presa em um ciclo vicioso. Uma pesquisa sugere que transtorno obsessivo-compulsivo pode se dever a problemas estruturais no córtex cingulado anterior, que tende a ser mais fino em pessoas com esse tipo de transtorno (Kuhn et al., 2013).

Pensamentos obsessivos e comportamentos compulsivos são processos com base no córtex que contribuem para a ansiedade. Pensamentos obsessivos costumam se concentrar em certos temas, entre eles contaminação, perigo, violência ou arrumação, e podem gerar muita ansiedade. Compulsões podem assumir diversas formas, mas frequentemente envolvem limpar, verificar, contar ou tocar. A compulsão em si pode não parecer criar muita ansiedade, mas quando as pessoas tentam resistir a suas compulsões, normalmente experimentam muita ansiedade. No capítulo 11, vamos discutir como você pode ajudar seu córtex a resistir a obsessões. Compulsões podem exigir terapia de exposição, descrita no capítulo oito, porque resistir a elas normalmente ativa a amígdala.

Exercício: Avaliando suas tendências perfeccionistas

Impor a si mesmo ou aos outros padrões altos irreais é garantia de aumentar a ansiedade. Como ninguém é capaz da perfeição, padrões elevados frequentemente significam que você está se preparando para o fracasso.

Esta avaliação vai ajudá-lo a determinar se o perfeccionismo pode ser uma questão para você. Leia as frases a seguir e marque as que se aplicam a você.

___ Eu tenho padrões elevados para mim mesmo e normalmente estou à altura deles.

___ Normalmente acredito que haja uma maneira certa de se fazer uma coisa, e acho difícil desviar dessa abordagem.

___ As pessoas me consideram extremamente consciente e cuidadoso no trabalho.

___ Quando estou errado, eu me sinto embaraçado e envergonhado.

___ Quando outras pessoas estão me observando, tenho medo de acabar me humilhando de alguma forma.

___ Meu desempenho quase nunca está em um nível com o qual estou satisfeito.

___ Tenho dificuldade de esquecer os erros cometidos.

___ Sinto que tenho de ser duro comigo mesmo ou não vou ser bom o bastante.

Se você marcou muitas dessas frases, você pode ter dificuldades com o perfeccionismo.

Os perigos do perfeccionismo

A ansiedade pode surgir através do caminho do córtex como resultado de expectativas perfeccionistas em relação a si mesmo ou aos outros. Às vezes fica claro que as pessoas aprenderam perfeccionismo com as outras, frequentemente seus pais. Pais podem não ver o lado ruim de estimular seus filhos a sempre fazerem o melhor. Entretanto, isso pode criar expectativas irreais no córtex. Isso não quer dizer que os pais não devem ter altas expectativas em relação a seus filhos, só que eles devem ser cautelosos para não transmitir ideias irreais. Nós simplesmente não podemos estar em nosso auge o tempo inteiro.

Entretanto, nossos pais não são sempre a fonte de tendências perfeccionistas. Pense em Tiffany, que notou ser, ela mesma, a fonte das próprias expectativas altas demais. Ela se recordava que, mesmo quando criança, sempre se sentia na obrigação de fazer tudo corretamente. Seus pais, por outro lado, eram mais tolerantes e razoáveis, frequentemente reafirmando que o desempenho da filha era ótimo e que ela não precisava ser perfeita.

Se as pessoas sentem ou não que suas expectativas perfeccionistas são razoáveis, é essencial reconhecer que elas são uma fonte de ansiedade. A autocrítica e a decepção que resultam do perfeccionismo podem aumentar notavelmente sua experiência diária de ansiedade. Você vai se beneficiar de examinar suas expectativas que levam à ansiedade, porque o perfeccionismo pode ser sua raiz. Felizmente, o córtex é capaz de estabelecer expectativas mais razoáveis, e, como resultado, a ansiedade tende a diminuir.

Exercício: Avaliando suas tendências catastrofistas

O catastrofismo é uma tendência a ver pequenos problemas ou pequenos reveses como desastres enormes. Se você sente que todo o seu dia está estragado caso algo específico dê errado, está sendo catastrofista.

Essa interpretação com base no córtex pode resultar em muita ansiedade, mas depois que você aprende a reconhecê-la, pode dar passos para reduzi-la.

Esta avaliação vai ajudar você a determinar se o catastrofismo pode ter um papel em sua ansiedade. Leia as frases a seguir e marque as que se aplicam a você.

___ Frequentemente imagino o pior quando estou pensando em como uma situação pode se desenrolar.

___ Posso fazer uma tempestade em um copo d'água.

___ As pessoas iam achar que estou enlouquecendo se soubessem os pensamentos terríveis que passam pela minha cabeça.

___ Frequentemente sinto como se não pudesse lidar com mais de uma coisa dando errado.

___ Tenho dificuldades de lidar com algo que não acontece do jeito que eu quero.

___ Tenho reações exageradas em relação a problemas aos quais outras pessoas não dariam tanta importância.

___ Mesmo um pequeno revés, como ser parado por um sinal de trânsito, pode me deixar furioso.

___ Às vezes o que começa como uma pequena dúvida em minha cabeça se torna um pensamento negativo opressor enquanto eu me apego a ele.

Se você marcou muitas dessas frases, você tem uma tendência catastrofista.

Os custos de superestimar os custos

Se você reage a inconveniências como se fossem desastres ou sente que todo o seu dia está estragado se uma coisa simples dá errado, isso sem dúvida está aumentando sua ansiedade. O catastrofismo tem suas raízes nos circuitos do córtex orbitofrontal, que também está envolvido na preocupação e, como observado anteriormente, em levar diferentes resultados em conta. Outra tarefa do córtex orbitofrontal é estimar os custos dos aspectos negativos dos acontecimentos (Grupe e Nitschke, 2013).

Algumas pessoas têm a tendência de superestimar os custos de certos acontecimentos negativos. Por exemplo, quando Jeremy está atrasado e é parado por um sinal de trânsito, ele profere uma série de obscenidades e soca furiosamente o volante. Claro, parar no sinal só acrescenta um ou dois minutos à sua viagem, mas, em seu cérebro, essa pequena quantidade de tempo parece um custo que justifica a quantidade de raiva e frustração que ele experimenta.

Essa tendência a reagir a acontecimentos menores como se eles fossem ter resultados desastrosos sem dúvida vai acionar sua amígdala. Ironicamente, isso aumenta os custos ao acrescentar ansiedade à situação. Mas tendências como essa podem ser reconhecidas ao se flagrar no ato e substituir os pensamentos catastróficos por frases mais razoáveis para lidar com a ansiedade, como sugerido no capítulo 11.

Exercício: Avaliando sua tendência a experimentar culpa e vergonha

Culpa e vergonha são emoções que vêm dos lobos frontal e temporal de seu córtex. A culpa envolve uma sensação de ter se comportado de um jeito que você considera inaceitável. A vergonha, por outro lado, está relacionada com a sensação de que outras pessoas vão enxergá-lo de forma negativa. As duas emoções provocam muita ansiedade.

Esta avaliação vai ajudá-lo a determinar se culpa ou vergonha são uma questão para você. Leia as frases a seguir e marque as que se apliquem a você:

___ Frequentemente sinto que não estou à altura do que espero de mim mesmo.

___ Fico muito preocupado quando não faço algo que acho que devia fazer.

___ Costumo me preocupar em decepcionar as pessoas e tenho dificuldade de dizer não.

___ Se um amigo se aborrece porque não vou a um evento, posso me sentir culpado por dias.

___ É uma sensação horrível saber que decepcionei alguém.

___ É fácil para os outros fazerem com que eu me sinta culpado para fazer o que eles querem.

___ É muito difícil para mim admitir meus erros e discuti-los com os outros.

___ Quando alguém me critica, costumo evitar passar muito tempo perto dessa pessoa.

Se você marcou muitas dessas frases, culpa, vergonha ou os dois estão provavelmente contribuindo para sua ansiedade.

Culpa, vergonha e ansiedade

Como mencionado, a culpa envolve a sensação de ter se comportado de um jeito que você considera inaceitável ou viola um padrão pessoal. A vergonha está relacionada à sensação de que os outros vão vê-lo de forma negativa. Então a culpa é focada em sua avaliação de si mesmo, enquanto a vergonha envolve imaginar como os outros vão avaliá-lo. Entretanto, as duas parecem estar associadas com a ativação dos lobos frontal e temporal.

Vergonha e culpa estão frequentemente envolvidas com transtorno de ansiedade social, que é um dos tipos mais comuns de ansiedade e frequentemente envolve o medo de ser avaliado pelos outros. Pense em Raj, que tem dificuldade para falar em grupo. Ele costuma se sentir envergonhado, embaraçado e desconfortável em relação a como se apresenta e acredita que os outros o julguem com severidade. A verdade é que, normalmente, ele se julga com mais severidade que os outros julgariam e também se sente culpado até mesmo por pequenas transgressões.

Experimentar níveis altos de culpa e vergonha leva a muita ansiedade. A amígdala parece ser mais fortemente ativada pela vergonha que pela culpa (Pulcu et al., 2014), uma descoberta consistente com o papel da amígdala de nos proteger de perigos, inclusive a desaprovação dos outros. Reestruturação cognitiva, inclusive o uso de pensamentos para lidar com a ansiedade, pode lentamente mudar uma tendência de reagir com culpa e vergonha.

Exercício: Avaliando ansiedade com base no hemisfério direito

Você vai se lembrar que o hemisfério direito do córtex permite que você use sua imaginação para projetar acontecimentos que na verdade não estão acontecendo. E quando você imagina situações aflitivas, isso frequente e inadvertidamente inicia uma resposta de ansiedade.

Esta avaliação vai ajudar você a determinar se o hemisfério direito é normalmente a fonte de sua ansiedade. Leia as frases a seguir e marque as que você experimenta com frequência.

___ Imagino situações problemáticas em potencial em minha mente, pensando diversas maneiras como as coisas podem dar errado e como os outros vão reagir.

___ Sou muito atento ao tom de voz das outras pessoas.

___ Quase sempre posso imaginar várias situações que ilustram como algo pode se desenrolar mal para mim.

___ Tenho a tendência de imaginar maneiras como as pessoas vão me criticar ou rejeitar.

___ Frequentemente imagino maneiras como posso envergonhar a mim mesmo.

___ Às vezes projeto imagens de eventos terríveis acontecendo.

___ Confio em minha intuição sobre o que os outros estão sentindo ou pensando.

___ Fico atento à linguagem corporal das pessoas e capto sinais sutis.

Se você marcou muitas das frases, sua ansiedade pode ser aumentada por uma tendência a imaginar situações assustadoras ou a confiar em interpretações intuitivas dos pensamentos das pessoas que podem não ser exatas.

Ansiedade com base no hemisfério direito

O hemisfério direito é especializado no processamento de experiência de maneiras mais holísticas e integradas e tem tropismo por processar aspectos não verbais das interações humanas. Às vezes, seu foco em expressões faciais, tom de voz ou linguagem corporal pode fazê-lo chegar a conclusões sobre essa informação. Por exemplo, você pode interpretar equivocadamente um tom de voz e presumir que alguém está com raiva ou decepcionado com você, quando, na verdade, a pessoa só está cansada.

O hemisfério direito tem uma tendência de se concentrar em informação negativa, seja essa informação visual ou auditiva (Hecht, 2013). Já observamos que ele tende a ser a fonte de pensamento pessimista. Além disso, ele pode usar seus poderes de imaginação para produzir situações e imagens que podem ser extremamente assustadoras. O hemisfério direito está vigiando qualquer coisa negativa na postura, no tom de voz ou nas expressões faciais dos outros.

Esses processos com base no hemisfério direito podem fazer sua amígdala responder como se você estivesse em uma situação perigosa quando não existe nenhuma ameaça. Diversas estratégias, inclusive jogos, meditação e exercício, podem ser úteis para aumentar a ativação do hemisfério esquerdo, produzindo emoções positivas e aquietando o hemisfério direito. Explicamos essas estratégias nos capítulos seis e nove.

O hemisfério direito do córtex é mais ativo tanto durante o surgimento da ansiedade como no da tristeza (Papousek, Schulter e Lang, 2009). Um estudo mostrou que em pessoas com fobia social que estavam se preparando para fazer uma palestra, o lado direito do cérebro ficou ativado e o ritmo cardíaco aumentou (Papousek, Schulter e Lang, 2009). Neurocientistas descobriram que a porção intermediária do hemisfério direito contém um sistema integrado para responder a ameaças imediatas; esse sistema dirige a atenção para o exame visual do ambiente, aumenta a sensibilidade a sinais não verbais significativos e promove a atividade do sistema nervoso simpático (Engels et al., 2007). Esse sistema está sempre envolvido depois que ansiedade começa. Entretanto, ele também pode ser ativado quando não é necessário, e, nesse caso, causa ansiedade em vez de ajudar você a responder a ameaças com eficácia.

No capítulo 11, vamos explicar como você pode usar imagens positivas do hemisfério direito para combater a ansiedade. Também é possível usar os aspectos melódicos e emocionais de músicas, que são processados pelo hemisfério direito, para provocar emoções positivas nesse hemisfério. Dessa forma, você pode aprender a usar o hemisfério direito para resistir à ansiedade em vez de gerá-la.

SEU PERFIL PESSOAL DE PENSAMENTOS QUE GERAM ANSIEDADE

Reveja as avaliações deste capítulo. Isso vai lhe dar uma visão geral dos tipos de pensamentos que produzem ansiedade que você tende a experimentar, o que vai ajudá-lo a identificar os alvos de seus esforços para mudar. Você não pode mudar pensamentos dos quais não tem consciência, mas, depois que identifica suas áreas problemáticas, pode ficar vigilante em relação aos tipos de pensamento que contribuem com mais frequência para sua ansiedade com base no córtex. (Para uma representação visual de seus pensamentos que provocam ansiedade, complete o perfil de pensamentos que provocam ansiedade, disponível para baixar no site da Ediouro. Veja no fim do livro o QR Code para acessá-lo.)

RESUMO

As avaliações deste capítulo ajudaram você a determinar que processos e padrões de pensamento influenciados pelo córtex podem ativar sua amígdala. Cada pessoa tem um córtex único, com seus modos únicos de iniciar a ansiedade. Comece observando seus próprios pensamentos que provocam ansiedade com regularidade em sua vida diária. Ter consciência deles é o primeiro passo para mudá-los. É útil saber quais são suas tendências mais fortes para atacá-las especificamente. Nenhuma dessas tendências é fixa e imutável. Você pode reestruturar seu córtex para reduzir quaisquer desses tipos de pensamento e reforçar circuitos diferentes para promover processos alternativos. No próximo capítulo, você vai aprender diversas técnicas que vão ajudá-lo a reestruturar seu córtex para aliviar a ansiedade ou resistir a ela.

Capítulo 11
Como acalmar seu córtex

Como já ensinamos, se você criar e se apegar a certos pensamentos e imagens em seu córtex, provavelmente vai ativar a amígdala e criar ansiedade. Felizmente, há uma diferença enorme entre pensamentos sobre acontecimentos e os acontecimentos propriamente ditos. Só porque você pensa ou imagina algo não significa que vá se realizar. É essencial se lembrar dessa diferença entre seus pensamentos e a realidade externa, porque sua amígdala pode não reconhecer a distinção. Por isso mantenha como prioridade em seu córtex ajudar a prevenir que a amígdala responda a pensamentos e imagens imaginados com uma resposta de ansiedade!

REVISITANDO A FUSÃO COGNITIVA

Você pode obter muito controle baseado no córtex de sua ansiedade se reconhecer a diferença entre pensamentos sobre acontecimentos e os acontecimentos em si. Como discutido no capítulo três, a fusão cognitiva ocorre quando ficamos tão presos a nossos pensamentos que esquecemos que eles são meros pensamentos. Pense em Sonia, uma jovem mãe. Um dia ela pensou em como seu bebê era vulnerável e na facilidade com que ela poderia machucá-lo. Então a mente pareceu se encher de pensamentos e imagens de diferentes maneiras como ela poderia machucar seu bebê intencionalmente ou não. Ela se imaginava deixando-o cair acidentalmente e pensava na facilidade com que poderia afogá-lo. Esses pensamentos e imagens a aterrorizavam, e em pouco tempo ela estava com medo de ficar sozinha com o filho, porque acreditava que ter esses pensamentos terríveis significava que ela podia agir de acordo com eles. Assim, ela confundiu seus pensamentos com realidade e tornou-se vítima da fusão cognitiva. Entretanto, o próprio fato de ter medo de ficar sozinha com o filho demonstrava que ela estava preocupada que ele se machucasse e que ela tomaria uma atitude para protegê-lo se fosse necessário.

Em qualquer momento, cada um de nós tem uma variedade de pensamentos criados pelo córtex, mas isso não significa que sejam verdade, que o que quer que estejamos pensando vai acontecer, ou que vamos agir de acordo com nossos pensamentos. Mesmo assim, é muito fácil esquecer que pensamentos não passam disso: eventos neurais no córtex que podem não ter nenhuma relação com a realidade. Reconhecer a diferença entre pensamentos e acontecimentos reais é essencial para administrar a ansiedade com base no córtex.

Exercício: Avaliando sua tendência a experimentar fusão cognitiva

Se você tem a tendência de considerar seus pensamentos e sentimentos como verdadeiros e acredita neles, isso provavelmente vai interferir na sua habilidade de reestruturar seu córtex para ajudá-lo a resistir à ansiedade. O córtex tem muita sensibilidade, mas você tem que estar disposto a tirar proveito disso.

Para avaliar suas tendências na direção da fusão cognitiva, reserve um momento para ler as frases a seguir e marque as que se aplicam a você.

— Se eu não me preocupo, tenho medo que as coisas piorem.

— Quando um pensamento me ocorre, descubro que preciso levá-lo a sério.

— A ansiedade geralmente é um sinal claro de que algo está prestes a dar errado.

— Preocupar-se com uma coisa às vezes pode impedir que coisas ruins aconteçam.

— Quando me sinto mal, preciso me concentrar nisso e avaliar meu estado.

— Tenho medo de alguns de meus pensamentos.

— Quando alguém sugere um jeito diferente de ver as coisas, tenho dificuldade de levar isso a sério.

— Se tenho dúvidas, em geral há boas razões para elas.

— As coisas negativas que penso sobre mim mesmo provavelmente são verdade.

— Quando eu espero me sair mal, geralmente significa que vou me sair mal.

Se você marcou muitas dessas frases, está demasiadamente ligado a seus pensamentos e sensações. Você vai se beneficiar de reconhecer que apenas pensar ou sentir algo não faz com que isso seja verdade. Quando você acredita que um pensamento representa algum tipo de verdade, vai ter mais resistência a abandonar esse pensamento, e isso pode impedir que você reestruture seu córtex.

Cuidado com a fusão cognitiva

A fusão cognitiva é bastante comum. Todos temos a tendência de presumir que aquilo que pensamos é realidade, e não questionamos com frequência nossas suposições e interpretações. Mas às vezes as pessoas precisam questionar suas perspectivas, especialmente em relação a situações aflitivas. Saber que nossas suposições são falíveis é um reconhecimento importante. A fusão cognitiva pode gerar muita ansiedade desnecessária.

A fusão cognitiva deixa as pessoas mais propensas a responder ao *pensamento* de um acontecimento da mesma forma que reagiriam se o acontecimento realmente ocorresse. Pense em Arrianna, que certa tarde teve problemas para entrar em contato com o namorado e começou a pensar que alguma coisa ruim tivesse acontecido com ele. Ela produziu imagens dele em um acidente e também pensamentos de que ele estava querendo terminar com ela. Ao pensar nessas possibilidades, ficou muito preocupada. Mais tarde, Arrianna descobriu que seu namorado tinha deixado o celular em casa e não havia recebido suas mensagens, o que foi um grande alívio. O interessante nessa história é que ela reagiu aos pensamentos que estava tendo como se fossem acontecimentos de verdade, e esses pensamentos a deixaram ansiosa. Você já se flagrou fazendo alguma coisa parecida?

Quando certos pensamentos que acionam a ansiedade são combinados com fusão cognitiva, o risco de criar ansiedade aumenta.

Se você tem uma tendência a ter pensamentos pessimistas ou a se preocupar, vai se beneficiar de resistir à fusão cognitiva. Por exemplo, se você tem a tendência a ser um pensador pessimista, pode ser útil se lembrar que seus pensamentos não determinam o que acontece.

Recomendamos que você examine suas próprias experiências de ansiedade à procura de indícios de fusão cognitiva — aceitar pensamentos ou sentimentos como verdadeiros embora não haja evidências, ou apenas evidências fracas, para sustentá-los. Um exemplo comum é acreditar que uma situação é perigosa devido a uma *sensação* de que ela é perigosa, em vez de ter provas reais de uma ameaça. Tire um tempo agora para fazer uma lista de exemplos de situações nas quais você pode estar envolvido em fusão cognitiva. Aqui há alguns exemplos para ajudá-lo: *Acho que meus vizinhos criticam meu jardim, Ninguém nessa festa gosta de mim* ou *Eu simplesmente não vou aguentar ter outro ataque de pânico*. Depois de compilar sua lista, revise-a e pense em como a crença nesses pensamentos infundados pode estar contribuindo para sua ansiedade.

Como a amígdala responde a pensamentos da mesma maneira que a acontecimentos reais, você pode conseguir reduzir muito sua ansiedade tendo consciência de seus pensamentos que despertam ansiedade e reduzindo o tempo que você gasta com eles. Embora isso pareça lógico, um número surpreendente de pessoas se preocupa em ter de levar todo pensamento ou sensação a sério, e alguns alegam que a mera existência de um pensamento sugere que ele seja verdade, como mostram esses exemplos:

- Uma mulher insegura insistia que o fato de não ter confiança em si mesma era prova de que não devia ter confiança em si mesma.
- Um senhor relatou que seu medo de cair significava que ele não podia sair de casa.
- Uma mulher criticava o próprio desempenho profissional e se preocupava em ser demitida — apesar de nunca ter recebido uma avaliação ruim no trabalho.

O córtex é um lugar movimentado, frequentemente cheio de ideias e sensações que não têm base na realidade. O problema não são as ideias e sensações em si, mas uma tendência a levá-las a sério. O psicólogo Steven Hayes (2004, 17) sugeriu que "é a tendência de enxergar essas experiências como reais e então lutar contra ela é... o mais prejudicial", e apresenta a separação cognitiva como solução. A separação cognitiva envolve tomar uma posição diferente em relação a seus pensamentos: tomar consciência deles sem ficar preso por eles.

A separação cognitiva é uma técnica de reestruturação cognitiva poderosa. Desenvolver sua habilidade de se relacionar com seus pensamentos desse jeito envolve não se permitir reconhecer seus pensamentos como verdade e, em vez disso, simplesmente reconhecer que são experiências que você está tendo. Por exemplo, você pode reconhecer um pensamento sem acreditar nele, dizendo: "Humm... interessante. Mais uma vez vejo que estou tendo o pensamento de que nunca vou conseguir meu diploma." Para ter sucesso na separação cognitiva, você precisa desenvolver um sentido de si mesmo que não se perca nos processos de pensamento de seu córtex. Você é um observador de seu córtex, não um crente em tudo o que ele produz. Para ajudar a se distanciar de um pensamento, você pode dizer a si mesmo algo como: "Preciso tomar cuidado com esse pensamento desagradável. Não tenho razão para acreditar nele, e é provável que minha amígdala esteja sendo acionada." Técnicas de *mindfulness*, que vamos discutir posteriormente neste capítulo, também são muito úteis, pois ajudam você a ter força e habilidade para focar seus pensamentos no que escolher e resistir à vontade de se perder em pensamentos que podem ou não refletir a realidade.

Desenvolva um ceticismo saudável em relação a seu córtex

De muitas maneiras, seu córtex cria o mundo em que você vive, processando suas sensações e permitindo que você perceba e pense em suas experiências. Ele também permite que você reflita sobre experiências passadas e imagine o futuro. Isso pode dificultar a lembrança de que a informação que você experimenta em seu córtex não é o mesmo que a realidade. Por exemplo, você pode achar que o que viu durante um roubo seja totalmente preciso, mas sabemos por julgamentos nos tribunais que os relatos de testemunhas oculares são reconhecidamente errôneos. Às vezes, até nossos olhos pregam peças em nós, e isso também pode ser verdade em relação aos outros sentidos. Nós vemos o mundo de acordo com as interpretações do nosso córtex, mas há muito mais acontecendo do que aquilo de que temos consciência (como luz ultravioleta, sons de alta e baixa frequência ou pensamentos particulares de outras pessoas). No site da Ediouro, você vai encontrar uma apresentação para baixar que ilustra como o córtex pode fazer com que você perceba algo que não existe, impede que você perceba o que está realmente ali ou faz com que pense que algo tem muito sentido quando é, na verdade, uma bobagem. Encorajamos você a dar uma olhada nessa informação. (Veja no fim do livro o QR Code para acessá-lo.)

CONTROLANDO SEUS PENSAMENTOS QUE ACIONAM A ANSIEDADE

Neste ponto, você pode querer revisar as avaliações que completou no capítulo dez para identificar seus pensamentos que acionam a ansiedade mais comuns e tê-los como alvo de mudança. Se seu córtex está produzindo tais pensamentos, não deixe que ele fique desenfreado. Você pode alterar os pensamentos em seu córtex e mudar seu foco para outros pensamentos. Isso estabelece as bases para mudar os circuitos de seu córtex. No restante deste capítulo, vamos descrever técnicas de reestruturação cognitiva que você pode usar para fazer isso. Como há inúmeros livros de autoajuda inteiramente dedicados a este tópico, não vamos dar instruções detalhadas sobre todas as estratégias.

Técnicas de reestruturação cognitiva dão a você o poder de literalmente mudar seu córtex. A chave é ser cético em relação a pensamentos que acionam a ansiedade e enfrentá-los com provas, ignorá-los como se não existissem ou substituí-los por pensamentos novos e mais adaptativos, também conhecidos como pensamentos para lidar com a ansiedade. Preste atenção especial nos pensamentos que acionam a ansiedade que você usa com frequência. Lembre-se, circuitos neurais são reforçados pelo princípio da "sobrevivência do mais ocupado" (Schwartz e Begley, 2003, 17), então quanto mais você se ocupa de certos pensamentos, mais fortes eles se tornam. Se você interromper pensamentos e imagens que provocam ansiedade e substituí-los repetidas vezes por novas cognições, você pode, literalmente, mudar os circuitos de seu cérebro.

USANDO PENSAMENTOS PARA LIDAR COM A ANSIEDADE

Pensamentos para lidar com a ansiedade são pensamentos ou afirmações com probabilidade de ter efeitos positivos em seu estado emocional. Um jeito de avaliar a utilidade dos pensamentos é olhar para os efeitos que eles têm em sua mente. Sob essa luz, você pode ver claramente o valor dos pensamentos para lidar com a ansiedade, que têm mais chances de resultar em uma resposta calma e maior habilidade para lidar com situações diferentes. Aqui há alguns exemplos.

Pensamento que aciona ansiedade	Pensamento para lidar com a ansiedade
Não adianta tentar. As coisas nunca vão dar certo para mim.	Vou tentar, porque, dessa forma, há pelo menos uma chance de realizar algo.
Alguma coisa vai dar errado. Eu posso sentir.	Não sei o que vai acontecer. Já tive esse pressentimento antes e estava errado.
Preciso me concentrar em um pensamento, dúvida ou preocupação.	Córtex, você já passou tempo demais nisso e preciso seguir adiante.
Devo ser competente e ter desempenho excelente em tudo o que faço.	Ninguém é perfeito. Eu sou humano e sei que vou cometer erros às vezes.
Todo mundo devia gostar de mim.	Ninguém é apreciado por todo mundo, então vou encontrar pessoas que não gostam de mim.
Não aguento mais isso!	Isso não é o fim do mundo. Eu vou sobreviver.
Não consigo deixar de me preocupar com isso.	Preocupação não resolve nada. Isso apenas me aborrece.
Não quero decepcionar as pessoas.	Tentar agradar a todos é impossível e me estressa. Melhor deixar para lá.
Não consigo lidar com essa situação.	Sou uma pessoa competente e, embora não goste dessa situação, posso superá-la.

Claro, você vai precisar estar vigilante em relação a reconhecer pensamentos que acionam a ansiedade e pensamentos para lidar com a ansiedade para substituí-los, mas vale o esforço. Algumas pessoas publicam seus pensamentos para lidar com a ansiedade para se lembrar deles. Ao pensar deliberadamente neles em todas as oportunidades possíveis, você pode reestruturar seu córtex para produzir pensamentos que o ajudem a lidar com a ansiedade por conta própria. Lembre-se, você está alterando seus circuitos neurais!

Assegure-se de se concentrar nos tipos de pensamento que são mais problemáticos para você. Consulte seu perfil de pensamentos que provocam a ansiedade (mencionado no fim do capítulo dez) se você o baixou e preencheu. Por exemplo, se você tem uma tendência na direção do perfeccionismo, é útil procurar por "preciso" e "devia" em seu pensamento. Quando você diz a si mesmo que "precisa" fazer alguma coisa ou que algo "devia" acontecer de acordo com determinado plano ou cronograma, está se preparando para estresse e preocupação. As palavras "preciso" e "devia" fazem parecer que uma regra está sendo violada se seu desempenho é menos do que perfeito ou os acontecimentos não se desenrolam como planejado. No mínimo, substitua "Eu devia..." por "Eu gostaria que...". Assim, você não está criando uma regra que deve ser seguida. Em vez disso, está apenas exprimindo um objetivo ou desejo — que pode ou não ser atingido. É um pensamento mais simpático e gentil.

SUBSTITUINDO PENSAMENTOS (PORQUE VOCÊ NÃO PODE APAGÁ-LOS)

Quando as pessoas trabalham para mudar pensamentos, elas frequentemente reclamam que não conseguem se livrar de pensamentos negativos. Esse é um problema comum originado na forma como a mente trabalha. Estudos mostraram que tentar apagar ou silenciar um pensamento simplesmente não é uma abordagem eficaz (Wegner et al., 1987). Por exemplo, se pedem a você que não pense em elefantes cor-de-rosa, é óbvio que a imagem de elefantes cor-de-rosa vai surgir em sua mente mesmo que você tenha passado o dia inteiro sem pensar nisso. E quanto maior o esforço para parar de pensar em elefantes cor-de-rosa, mais você pensa neles. Se você tem uma tendência à obsessão, você provavelmente está familiarizado com esse padrão.

Apagar um pensamento recordando-se constantemente de não pensar nele (e, portanto, pensando nele) ativa os circuitos que armazenam esse pensamento e o tornam mais forte.

Você pode ter sucesso em interromper um pensamento dizendo especificamente para si mesmo "Pare!". Esta técnica se chama *Interromper o pensamento*. Entretanto, o passo seguinte é crucial. Se você *substituir* o pensamento por outro, é mais provável que mantenha o primeiro pensamento fora de sua cabeça. Digamos que esteja cuidando de seu jardim e fica preocupado em encontrar uma cobra a qualquer momento. Diga a si mesmo "Pare!" e então comece a pensar em outra coisa: uma música no rádio, os nomes das flores que você pretende plantar no jardim, ideias que você tem para o presente de aniversário de uma pessoa amada — basicamente qualquer coisa cativante e, de forma ideal, agradável. Ao substituir o pensamento que provoca ansiedade por outra coisa que envolva sua mente, é bem provável que você não volte àquele pensamento.

Portanto, "Não apague, substitua!" é a melhor abordagem com pensamentos que acionam a ansiedade. Se você percebe que está pensando algo como *Eu não consigo lidar com isso*, concentre-se em substituir esse pensamento por um pensamento para lidar com a ansiedade, como *Isto não é fácil, mas vou superar*. Ao repetir para si mesmo esse pensamento para lidar com a ansiedade, você vai reforçar uma maneira mais adaptativa de pensar e ativar circuitos que vão protegê-lo da ansiedade. É preciso alguma prática, mas seus novos pensamentos vão acabar se tornando habituais.

TROCANDO O CANAL DA ANSIEDADE

Algumas pessoas têm forte tendência a usar o córtex de maneiras que causam ansiedade. Elas são frequentemente bem talentosas em imaginar acontecimentos temíveis ou pensar situações negativas. Na verdade, pessoas que são altamente criativas e imaginativas às vezes são mais propensas à ansiedade exatamente por essa razão. O modo como elas pensam sobre a vida e imaginam acontecimentos frequentemente captura a atenção da amígdala e provoca uma reação. Pessoas com pensamentos catastróficos ou que usam imagens do lado direito do cérebro de modos que os assustam são exemplos típicos.

Se isso é uma questão para você, pense no seu córtex como a TV a cabo. Apesar de ter centenas de canais para escolher, você fica preso no canal da ansiedade. Infelizmente, ele parece ser seu favorito. Você pode se concentrar em pensamentos e imagens que tenham potencial de acionar a ansiedade sem perceber isso. Ou talvez você tenha consciência desse foco, mas discorde dos pensamentos, do mesmo jeito que pode divergir da opinião de alguns comentaristas políticos. Discordar de seus pensamentos é semelhante. Você não quer perder tempo demais discutindo com eles porque isso tende a não deixar você focar em outra coisa e a manter os circuitos subjacentes.

Pense em Rachel numa entrevista de emprego. Assim que terminou, ela achou que a entrevista tinha corrido bastante bem, mas depois começou a repensar algumas de suas frases e a se perguntar como elas soaram para a entrevistadora. Agora, a cada dia que passa, Rachel sente mais medo de não conseguir o trabalho, o que a desanima. Ela começa a ter novas opiniões sobre como agiu na entrevista, se sente pessimista e acredita que vai fracassar. Na TV da própria mente, Rachel, sem dúvida, está assistindo ao canal da ansiedade.

Perceba que a entrevista não é o verdadeiro problema de Rachel. Ela nem sabe como seu desempenho, de fato, afetou suas chances de ser contratada. O foco na ansiedade é o problema. Se Rachel reconhecer isso e, em vez de se concentrar em se preocupar com a entrevista, começar a olhar para outras possibilidades de emprego e se preparar para novas entrevistas, vai ser muito mais produtiva. Quando Rachel começa a pensar sobre estratégias para entrevistas futuras, descobre que não está mais presa ao canal da ansiedade.

Rachel trocou de canal mudando seu foco do passado para o futuro, mas há muitas maneiras de trocar de canal. Uma das formas é por meio da *distração*: mudar o foco de sua atenção para algo completamente diferente. A distração pode ser um jeito eficaz de administrar a ansiedade. Por exemplo, em vez de pensar sobre o estresse de uma consulta com o dentista que está próxima, mude o canal e se concentre em um tópico diferente. Você pode se concentrar em ter uma conversa com alguém, pensar nos cardápios da semana ou brincar com seus filhos ou com um animal de estimação. Distrair-se com outras atividades ou ideias é um dos jeitos mais simples de trocar de canal.

Uma das melhores maneiras de distração é brincar. Muitas pessoas ansiosas ficam presas por uma seriedade excruciante e, portanto, têm dificuldade de relaxar e se divertir. Cultivar um sentido de brincadeira é essencial. E não é necessário esperar até estar ansioso para brincar. Brinque para encontrar alívio. Jogar, contar piadas e agir de modo bobo são algumas das melhores distrações. O bom humor é essencial para lidar com os desafios da vida.

Usar a distração para trocar de canal pode reduzir imediatamente a ansiedade em determinada situação. Além disso, quanto mais você desviar deliberadamente sua atenção para outros tópicos quando percebe estar focado em pensamentos que acionam a ansiedade, mais aumenta a atividade em novos circuitos e reduz a atividade em circuitos focados em tópicos ou imagens que produzem ansiedade. Os circuitos que você mais usa se tornam os mais fortes, e os que não usa se tornam mais fracos e menos propensos a serem ativados. Então você não reduz sua ansiedade por alguns momentos; você reestrutura seu córtex.

SUBSTITUINDO PREOCUPAÇÃO POR PLANEJAMENTO

A preocupação pode ser um dos processos mais sedutores com base no córtex. Para pessoas com tendência a se preocupar, frequentemente parece útil pensar sobre um problema, inquietação ou responsabilidade e investir tempo em antecipar dificuldades em potencial. Mas se existe uma tendência de autoperpetuação quando você se concentra em suas inquietações e isso ativa sua amígdala, será que está mesmo ajudando?

Como discutido no capítulo dez, pode ser fácil ficar preso em preocupação, imaginando um acontecimento negativo atrás do outro e levando em conta infinitos resultados possíveis. Você pode se preocupar com acontecimentos muito antes que seja necessário se preparar para eles e desperdiçar tempo decidindo como responder a eventos imaginados que podem nunca acontecer. Pesquisadores mostraram que quando as pessoas continuam a pensar sobre um acontecimento negativo, elas prolongam sua reação emocional a este acontecimento, mantendo emoções negativas por muito mais tempo do que, do contrário, elas teriam durado (Verduyn, VanMschelen e Tuerlinckx, 2011).

Em vez de ficar preso em preocupações ou ruminações, planeje! Se você antecipa que uma situação realmente vá surgir, pense em possíveis soluções e siga para outros pensamentos. Caso sua preocupação se torne real, você pode colocar seu plano em ação. Enquanto isso, não precisa ficar pensando nela.

Aqui está um exemplo: o aniversário de Joey, filho de Anne, estava chegando e ela soube que sua tia Janice ia à festa. Anne se lembrou de uma discussão recente com Janice e começou a se preocupar com a possibilidade de acontecer uma nova briga. Então ficou presa em pensamentos sobre conflitos em potencial com sua tia, imaginando várias críticas que Janice podia fazer e pensando em como poderia responder. Anne se preocupava com o que Janice podia dizer sobre ela para outras pessoas e começou a pensar em maneiras de responder a outras pessoas que pudessem estar envolvidas. Mas, por sorte, ela já tinha vivido episódios assim antes e percebeu que suas preocupações sobre como lidar com a tia na verdade estavam produzindo mais ansiedade. Ela reconheceu que sua tendência a se preocupar a estava fazendo antecipar uma grande cena que podia nunca acontecer. Então disse a si mesma "Pare! Seu plano é se preparar para a festa. Se for necessário, lide com Janice depois."

Quando chegou o dia da festa, tia Janice parecia focada basicamente no pequeno Joey, e suas conversas com Anne foram todas relacionadas a eventos acontecendo na vida de seus próprios filhos. No fim, o reconhecimento de Anne de sua tendência a se preocupar e sua decisão de interromper isso e fazer um plano pouparam-na de muita ansiedade desnecessária.

CONSIDERANDO MEDICAMENTOS

Certos medicamentos podem ser úteis quando você tenta mudar seus pensamentos. Como discutido no capítulo oito, há menos chance de gerar novos circuitos se você está tomando benzodiazepínicos, o que pode explicar por que diversos estudos descobriram que as pessoas que mais se beneficiam de terapia são aquelas que não estão tomando benzodiazepínicos (por exemplo, Addis et al., 2006, e Ahmed, Westra e Stewart, 2008). Em contraste, certos medicamentos, inclusive inibidores seletivos de recaptação serotonina (ISRS) e inibidores de recaptação de serotonina-norepinefrina (IRSN), podem ser muito úteis para pessoas que estão com dificuldades de mudar seus padrões de pensamento, porque esses medicamentos promovem o desenvolvimento de novos circuitos.

Nesse ponto, uma analogia com jardinagem pode ser esclarecedora. Tomar ISRSs e IRSNs é semelhante a usar fertilizante em um jardim para promover novo crescimento. Você vai ver mais raízes, galhos e botões de flores. Claro, você tem que tomar cuidado com o que fertiliza, porque ervas daninhas também vão responder ao fertilizante, talvez ainda mais rápido. De forma semelhante, é importante ser muito ponderado em relação a que padrões neurais está reforçando para fazer o uso mais eficaz de tratamento com ISRSs ou IRSNs. Você precisa levar em conta o que está ensinando a seu córtex quando toma esses remédios. Eles são mais úteis para mudar processos de pensamento quando as pessoas fazem terapia com foco em mudar pensamentos problemáticos (Wilkinson e Goodyer, 2008). Lembre-se: caso queira saber mais sobre medicamentos contra ansiedade e quando eles podem ou não ser úteis, você vai encontrar um capítulo bônus no site da Ediouro. (Veja no fim do livro o QR Code para acessá-lo.)

CUIDANDO DO HEMISFÉRIO DIREITO

Se o hemisfério direito é uma fonte de ansiedade para você, reestruturar seu córtex para usar o hemisfério esquerdo com mais frequência pode ser útil. O hemisfério direito é especializado em emoções negativas e evasivas, enquanto o esquerdo tem mais foco em abordar aquilo em que uma pessoa está interessada (Davidson, 2004) e então, aumentar a atividade em seu hemisfério esquerdo pode ser benéfico. Procure atividades que envolvam o hemisfério esquerdo, como assistir a programas divertidos, ler artigos que fazem pensar, jogar e praticar exercícios físicos. Todas essas atividades podem reduzir o domínio da reatividade com base no hemisfério direito. Também já foi demonstrado que a meditação aumenta a atividade do hemisfério esquerdo, e vamos abordar esse tópico em breve, quando discutirmos *mindfulness*.

Outra abordagem é envolver deliberadamente o hemisfério direito em uma atividade incompatível com estados de ânimo negativos. Ouvir música animada é um bom exemplo. Para não músicos, a música é processada principalmente no lado direito do cérebro. (Aprender a tocar música resulta em mais habilidades do hemisfério esquerdo.) Quando você escuta música de que gosta, envolve diretamente seu hemisfério direito em respostas emocionais positivas. Você também pode pensar em cantar, o que ativa o hemisfério direito mais do que falar (Jeffries, Fritz e Braun, 2003). Usar música deliberadamente para melhorar seu estado de ânimo, aumentar seu nível de energia e substituir pensamentos negativos é uma abordagem maravilhosa do hemisfério direito para resistir à ansiedade.

Formas positivas de gerar imagens é mais uma maneira de envolver o hemisfério direito em atividade incompatível com a ansiedade. Quando você usa sua imaginação para viajar para um lugar agradável e o imagina com detalhes sensoriais elaborados, como descrito no capítulo seis, está trabalhando seu hemisfério direito. Então imagine uma cena positiva, com todas as imagens, sons, cheiros e sensações físicas que seu hemisfério direito pode fornecer. Isso é como tirar férias excelentes e inesperadas da ansiedade.

USANDO O PODER DO *MINDFULNESS*

A ansiedade tem o poder de sequestrar seu córtex, dominar sua consciência e assumir o controle de sua vida. Mas e se você pudesse encontrar um jeito de usar o córtex para olhar para sua ansiedade, vê-la de certa distância em vez de viver nela e ser aprisionado por sua influência? E se você pudesse usar seu córtex para sair da ansiedade de modo que ela seja apenas uma experiência? *Mindfulness* é uma técnica com base no córtex que faz exatamente isso.

Mindfulness é uma abordagem antiga praticada em várias tradições há milênios. Portanto, ela foi descrita e definida de muitas maneiras. O psiquiatra Jeffrey Brantley descreve *mindfulness* como uma aceitação amigável e uma consciência profunda de sua experiência no momento. Em seu livro *Calming Your Anxious Mind* [Acalme sua mente ansiosa, em tradução livre; 2007], ele explica como a habilidade simples da consciência plena pode derrotar a ansiedade. Nossas respostas naturais à ansiedade são tentar escapar ou controlá-la, ou sermos apanhados por ela, dando início ao sofrimento. Mas a técnica *mindfulness* fornece outro caminho com origens em práticas orientais de meditação — uma forma de estar aberto e aceitar o que quer que se esteja sentindo. Nessa abordagem, como coloca o psicólogo Steven Hayes (2004, 9), "Um 'pensamento' negativo observado com atenção plena não vai necessariamente ter uma função negativa".

Você pode pensar nessa abordagem como treinamento de seu córtex para observar de forma amorosa e paciente suas respostas de ansiedade, de forma muito parecida com um pai cuidadoso e paciente pode observar uma malcriação do filho — vendo de perto todos os aspectos do comportamento e permanecendo amoroso e não reativo até a criança se acalmar.

Em essência, *mindfulness* significa entender que tudo o que você realmente tem é o momento presente, e praticar um novo jeito de habitar e observar esse momento: com um foco em permitir, aceitar e ter total consciência do que quer que você esteja experimentando. Isso pode parecer simples, mas exige prática. Entretanto, essa prática pode ser entrelaçada em sua vida. Você pode transformar sua experiência diária típica em oportunidades para praticar *mindfulness* ao tomar café da manhã, ouvir os sons de seu jardim, focar em caminhar ou se concentrar em uma prática de respiração profunda. Logo vai ver como essas experiências parecem diferentes quando você as trata com atenção plena. Você também vai se dar conta da frequência com que fica preso em pensamentos que o impedem de viver plenamente a vida. Por exemplo, uma mulher relatou que quando começou a prática de *mindfulness*, percebeu que passou anos sem saborear de verdade seu café da manhã. Ao estabelecer uma prática de começar o dia com atenção plena enquanto comia, ela descobriu que isso deu um tom muito diferente ao seu dia.

Depois que você aprende a focar em experiências cotidianas bastante neutras com técnicas *mindfulness*, pode voltar sua consciência para a ansiedade. Com prática, você relaxa o corpo e treina seu córtex a assumir uma atitude que não julga, uma abertura ao que está acontecendo que coloca você no papel do observador pacífico e distanciado, em vez de alguém que está lutando com a ansiedade e seus sintomas físicos.

Exercício: Uma abordagem *mindfulness* da ansiedade

Na próxima vez que você sentir ansiedade, procure um lugar tranquilo para praticar *mindfulness*. Coloque seu foco em sua experiência corporal e permita que toda a sua consciência de outras coisas desapareça. Se sua atenção se distrair, simplesmente traga-a de volta para a experiência de ansiedade em seu corpo. Por exemplo, se você sente uma onda de adrenalina, reflita sobre a experiência e simplesmente se permita senti-la. O quanto ela é intensa? Que partes de seu corpo são afetadas? Que sensações você tem? Como essas sensações mudam com o tempo? Observe seu corpo e veja se percebe sinais de ansiedade. Você está tremendo? Suas pernas estão inquietas? Observe também os impulsos que você tem, talvez de dizer alguma coisa ou de ir embora. Esteja ciente desses impulsos sem tomar atitudes, e observe o que acontece com eles enquanto você os observa. Da mesma forma, perceba os pensamentos que estão surgindo em sua mente. Você não precisa analisá-los; só permita que estejam ali. Não julgue a si mesmo ao fazer essas observações; apenas observe. Aceite sua ansiedade como um processo normal. Permita-se experimentá-la enquanto ela se move por você, mudando com o tempo, sem combatê-la ou encorajá-la. Simplesmente observe.

Tente praticar *mindfulness* em resposta à ansiedade por cerca de um mês, sempre que você tiver tempo para cuidar de sua ansiedade. Você pode desenvolver mais sua habilidade de usar *mindfulness* com ansiedade se concentrando em diferentes componentes de sua resposta de ansiedade. Por exemplo, em um momento você pode escolher se concentrar em como sua respiração é afetada, em outro, foque no seu coração, na vez seguinte, em seus pensamentos, e assim por diante. Perceba como sua sensação de ansiedade muda quando você adota essa abordagem.

CONTROLE PODE NÃO SER A RESPOSTA

Neste livro, você aprendeu que o córtex tem meios limitados de exercer controle direto sobre respostas com base na amígdala depois que elas ocorrem. Mas a verdade é que você não precisa controlar as respostas da amígdala se usa *mindfulness* para observá-las sem ficar preso a elas. Quando você adota uma abordagem de consciência plena em relação à resposta de ansiedade, o córtex abre mão do objetivo de controlar a situação e simplesmente permite que a ansiedade aconteça. Essa aceitação de sua experiência é o maior antídoto contra a ansiedade.

Muito do poder da ansiedade vem do esforço constante de lutar contra ela e fazê-la parar; é assim que ela pode exercer tanto controle em sua vida. Quando você enfrenta a experiência da ansiedade, saber que ela vai passar e aceitá-la faz com que realmente passe mais rápido. Você não vai perpetuá-la com uma reação de medo. Muito do desconforto da ansiedade surge de lutar contra ela e desejar que ela desapareça. Por mais estranho que pareça, ao desistir de tentativas de controlar a ansiedade, você, na verdade, pode ficar mais no controle de seu cérebro.

Estudos demonstram mudanças incríveis no cérebro de pessoas que praticam *mindfulness* e outras formas de meditação. Além de serem capazes de reduzir a própria ansiedade no momento em que a sentem (Zeidan et al., 2013), elas experimentam mudanças duradouras no córtex, que as deixam resistentes à ansiedade. Aquelas com experiência em *mindfulness* não mudaram a resposta da amígdala; elas desobrigaram o córtex de ficar preso na resposta da amígdala (Froeliger et al., 2012). Com técnicas de *mindfulness*, você treina o córtex a responder à ansiedade de uma forma totalmente nova. Estudos de imagens neurológicas mostram que as poucas partes do córtex que têm conexão direta com a amígdala — o córtex frontal ventromedial e o córtex cingulado anterior — são exatamente as partes ativadas por meditação com *mindfulness* (Zeidan et al., 2013). Essas descobertas indicam que abordagens de *mindfulness* podem ajudar você a reestruturar partes do córtex que estão intimamente conectadas com acalmar a ansiedade.

O maior poder do treinamento em *mindfulness* é que ele muda a forma como seu córtex responde à ansiedade. Tornar *mindfulness* parte de sua vida diária é a melhor maneira de usar isso para transformar sua ansiedade. Recomendamos muito que você explore *mindfulness* com profundidade. Há muitos livros excelentes e outros recursos que fornecem treinamento nessa técnica, e alguns deles têm foco específico em ansiedade.

RESUMO

Neste capítulo, explicamos diversas abordagens para ajudar seu córtex a responder à ansiedade de novas maneiras. Conforme você usa essas abordagens para reestruturar seu córtex, vai ser cada vez mais capaz de viver do jeito que deseja. Talvez o mais importante: você aprendeu que além de reduzir e prevenir a ansiedade, é capaz de usar *mindfulness* para ajudar seu córtex a aceitar a ansiedade. Todas essas técnicas podem ajudá-lo a viver uma vida mais resistente à preocupação. O passo final é juntar tudo o que você aprendeu neste livro, e na conclusão vamos ajudá-lo a fazer exatamente isso.

Conclusão
Juntando tudo para viver uma vida resistente à ansiedade

Esperamos que este livro tenha lhe dado a consciência dos processos cerebrais envolvidos com a ansiedade, e que o que você aprendeu o ajude a viver do jeito que deseja. Entender como a ansiedade é criada na amígdala e a maneira como o caminho do córtex contribui para a ansiedade ajuda você a compreender que sua ansiedade não está totalmente sob seu controle consciente. Você não pode mudar o fato de que seu cérebro é estruturado para produzir a experiência da ansiedade, mas pode aprender a lidar com ela. Além disso, a neuroplasticidade do cérebro, que foi demonstrada em diversos estudos, abre a porta para reestruturar seu cérebro e alterar sua experiência de ansiedade.

Embora aspectos da ansiedade estejam além de seu controle consciente, isso não significa que ela tem que controlar sua vida. Ninguém nunca vai viver uma vida totalmente livre de se sentir ansioso, mas todos podemos diminuir os efeitos nocivos da ansiedade em nossas vidas usando tanto estratégias com base na amígdala como as com base no córtex.

Seu novo entendimento do papel da amígdala e das influências do córtex é um conhecimento valioso que vai ajudá-lo a identificar as fontes de sua ansiedade. Você pode usar essa informação para agir especificamente nos processos subjacentes a sua ansiedade, permitindo que estabeleça objetivos realistas e faça mudanças duradouras no cérebro. Você agora sabe como criar novas conexões em seu córtex, praticando novas maneiras de pensar e interpretar até que elas se tornem habituais. Você também aprendeu sobre o poder e o potencial das técnicas de *mindfulness* e aceitação. Sabe como reestruturar sua amígdala, fornecendo a ela novas experiências que a estimulem a fazer novas conexões. Quando uma reação de ansiedade começa e é tarde demais para detê-la, você sabe como escolher estratégias com base na amígdala para limitar seu impacto e estratégias com base no córtex que vão ajudá-lo a se desprender do desejo de controlá-la.

POR ONDE COMEÇAR

Como você aprendeu muitas estratégias neste livro, pode estar se perguntando por onde começar. A melhor maneira é focar em acalmar sua amígdala. Comece com relaxamento. Aprenda as habilidades de desacelerar sua respiração e relaxar seus músculos para desligar seu sistema nervoso simpático e ativar o parassimpático, como discutido no capítulo seis. Além disso, use imagens positivas, exercícios físicos, técnicas de sono e música para acalmar sua amígdala, como explicado nos capítulos seis, nove e 11. Pratique estratégias de relaxamento repetidamente, todo dia, para reduzir seu nível geral de ansiedade, integrando vários tipos de relaxamento em sua vida até que relaxar se torne natural. Todas essas abordagens vão levar a mudanças razoavelmente rápidas no funcionamento diário de sua amígdala.

Em seguida, concentre a atenção em estratégias com base no córtex, quando necessário. Revise o capítulo dez para se lembrar dos tipos de pensamento que acionam a ansiedade que são mais problemáticos para você e use as abordagens descritas no capítulo 11 para combater esses pensamentos. Pratique monitorar e modificar seus pensamentos até ser capaz de reagir de maneiras mais produtivas e resistentes à ansiedade na maioria das situações. Você também pode refletir se certos medicamentos podem ser úteis nesse processo.

Tenha os objetivos de vida que são importantes para você sempre em mente, talvez revisitando o exercício no fim da introdução de vez em quando para se lembrar de seus objetivos e identificar novos. Então esteja vigilante para situações em que a ansiedade impede que você alcance seus objetivos. Nosso maior objetivo com este livro é ajudá-lo a atingir suas metas. Para assumir o controle de sua vida, identifique gatilhos de ansiedade em situações em que ela ou as compulsões estão bloqueando seus objetivos, como discutido no capítulo sete. Então foque nesses objetivos com a exposição, como descrito no capítulo oito, para reduzir os efeitos limitadores da ansiedade. Use a exposição para cada situação de gatilho até sentir que seu medo diminuiu, sinalizando que uma reestruturação em sua amígdala ocorreu.

Quando você se se sentir estressado pelos exercícios de exposição, lembre-se que precisa ativar sua amígdala para que ela aprenda. Você não pode fazer novas conexões, a menos que experimente alguma ansiedade, então você precisa ativar para gerar. Quando você começa a experimentar menos ansiedade em relação a gatilhos que estão bloqueando seus objetivos, vai se sentir mais no controle de sua vida. O processo de reestruturar seu cérebro para reduzir ansiedade vai ser gradual, mas ele vai se adaptar às experiências que você fornece e os padrões de pensamento que você cultiva e vai construir novos circuitos. Embora vá experimentar alguns reveses, você aos poucos vai ver melhoria em sua habilidade de assumir o controle de sua vida ao usar essas estratégias. Para recapitular rapidamente, aqui está a sequência que recomendamos.

1. Use relaxamento, sono e exercícios físicos para reduzir a ativação do sistema nervoso simpático.
2. Monitore sua mente à procura de pensamentos que acionam a ansiedade.
3. Substitua pensamentos que acionam a ansiedade por pensamentos para lidar com a ansiedade.
4. Determine seus objetivos de vida e o que interfere nesses objetivos.
5. Identifique gatilhos de medo e ansiedade que interferem em seus objetivos.
6. Crie exercícios de exposição que possam modificar a resposta de sua amígdala a esses gatilhos.
7. Pratique exercícios de exposição até perceber uma redução em sua ansiedade e em seu medo.

REFORÇANDO SUA DETERMINAÇÃO

Embora a abordagem resumida neste livro possa parecer opressiva, se você dividi-la em passos vai achá-la bem administrável. Você vai ver melhorias a cada passo, e isso vai estimulá-lo. Ao se perceber capaz de usar as estratégias do capítulo seis para relaxar, você vai se sentir mais confiante em relação a administrar a própria ansiedade. Quando experimenta mudanças benéficas em seu pensamento como resultado das abordagens do capítulo 11, você vai ficar animado. E quando notar como a exposição reduz sua ansiedade, vai se tornar cada vez mais capaz de enfrentar seus medos.

Por fim, é importante lembrar que seu maior objetivo é reestruturar seu cérebro, então, a cada passo, tenha em mente o que está acontecendo nele. Toda estratégia que você usa envia uma mensagem importante para seu cérebro; com repetição, ele vai se adaptar. Não fique intimidado pela perspectiva de uma prática contínua. Afinal, isso é necessário para atingir a excelência em qualquer esforço, de aritmética a esportes. Você está assumindo o controle de sua vida, passo a passo. Claro, vai haver desafios pelo caminho. As sugestões a seguir podem ser úteis quando você precisar reforçar sua determinação.

Aja apesar de sua ansiedade

É mais fácil falar do que tomar uma atitude diante do perigo. Mas isso é exatamente o que é necessário para transformar sua experiência de ansiedade e reestruturar seu cérebro. Lembre-se: coragem é agir apesar do medo.

Você aprendeu muito sobre ansiedade neste livro. É uma experiência complicada e multifacetada com base em processos neurológicos complexos. É provável que encontre pessoas que não entendem nem uma fração do que você sabe sobre ansiedade. Não permita que as opiniões delas o desanimem. Você pode enfrentar mais sensações de terror antes do almoço que a maioria das pessoas enfrenta o ano inteiro. As pessoas em sua vida podem não reconhecer, porque para você as coisas são muito mais difíceis. Mas se entender isso pode ser de grande ajuda dar crédito a si mesmo pelo que está fazendo. Seus amigos podem não saber que sair com eles é uma realização exaustiva, não uma noite alegre. Reconheça o que você é capaz de realizar enquanto enfrenta a ansiedade e se orgulhe disso.

Encare um dia — ou um minuto — de cada vez

Nós estimulamos você a encarar a vida um dia de cada vez. Na prática diária, isso significa viver no momento presente e não focar em preocupações que podem ou não acontecer no futuro. Ao manter seu foco no presente, você vai poupar sua energia mental para as tarefas atuais. Além disso, por que você iria querer permanecer no canal de TV da ansiedade, revivendo acontecimentos estressantes do passado e imaginando situações futuras assustadoras? Você provavelmente vai perder algumas das melhores experiências de sua vida se permanecer focado no canal da ansiedade.

Em momentos de estresse, pode ser extremamente útil se concentrar em apenas um minuto de cada vez. Às vezes encarar um momento específico é tudo com o que podemos e precisamos lidar. É perfeitamente razoável se concentrar em lidar com uma situação de cada vez. Por sorte, a vida nos é apresentada minuto a minuto — na verdade, segundo a segundo. Tudo o que realmente precisamos fazer é passar por cada minuto, especialmente quando estamos enfrentando a ansiedade. Às vezes, passar por apenas alguns minutos é em si uma conquista. Encarar a vida um minuto de cada vez pode torná-la mais fácil.

Foco no positivo

Sua vida é formada por inúmeros momentos variados. Se você puder aprender a focar o cérebro em experiências positivas e saboreá-las, vai se sentir mais feliz, em um aspecto geral. Sintonize-se com momentos cheios de alegria e beleza quando eles aparecerem e se apegue a essas experiências. Cultive o bom humor. Valorize aqueles que você ama. No fim, o amor é mais forte que o medo.

Reveses vão acontecer na vida, mas eles são frequentemente um sinal de que você está testando seus limites. Claro que os navios estão seguros dentro de uma baía, mas eles não foram feitos para ficar ali. Se você nunca tem reveses, provavelmente não está estabelecendo objetivos muito elevados para si mesmo. De qualquer forma, não é necessário se apegar às situações adversas. Você pode encontrar beleza e prazer na vida se procurar bem. Experimente com consciência e cuidado todos os acontecimentos felizes e sinta o prazer que obtém desses momentos especiais. A forma como você foca seus pensamentos tem uma influência muito poderosa em seu cérebro. Preste atenção nos aspectos positivos, belos e agradáveis da vida. E perceba que, como resultado, você vai ser mais feliz.

NÃO LIGUE PARA SUA ANSIEDADE

Tenha você nascido com um cérebro que tende a criar ansiedade ou adquirido seus problemas de ansiedade como resultado de experiências de vida, você é capaz de lidar com isso. Mesmo que os caminhos de ansiedade em seu cérebro sejam ativados, você pode usar as abordagens deste livro para mudar suas respostas e, com o tempo, reestruturar seu cérebro. A chave é se concentrar no positivo e não deixar a ansiedade controlá-lo. Todo o conhecimento que você adquiriu nestas páginas vai ajudá-lo a administrar sua ansiedade com mais eficácia e, aos poucos, reestruturar seu cérebro para reduzir sua experiência de ansiedade. Esperamos que esta jornada lhe traga alívio, estímulo e alegria. Você merece!

Referências

ADDIS, M. E., C. HATGIS, E. CARDEMILE, K. JACOB, A. D. KRASNOW e A. MANSFIELD. 2006. "Effectiveness of Cognitive-Behavioral Treatment for Panic Disorder Versus Treatment as Usual in a Managed Care Setting: 2-Year Follow-Up." *Journal of Consulting and Clinical Psychology* 74:377-385.

AHMED, M., H. A. WESTRA e S. H. STEWART. 2008. "A Self-Help Handout for Benzodiazepine Discontinuation Using Cognitive Behavior Therapy." *Cognitive and Behavioral Practice* 15:317-324.

AMANO, T., C. T. UNAL e D. PARÉ. 2010. "Synaptic Correlates of Fear Extinction in the Amygdala." *Nature Neuroscience* 13:489-495.

ANDERSON, E. e G. SHIVAKUMAR. 2013. "Effects of Exercise and Physical Activity on Anxiety." *Frontiers in Psychiatry* 4:1-4.

ARMONY, J. L., D. SERVAN-SCHREIBER, J. D. COHEN e J. E. LEDOUX. 1995. "An Anatomically Constrained Neural Network Model of Fear Conditioning." *Behavioral Neuroscience* 109:246-257.

BARAD, M. G. e S. SAXENA. 2005. "Neurobiology of Extinction: A Mechanism Underlying Behavior Therapy for Human Anxiety Disorders." *Primary Psychiatry* 12:45-51.

BEQUET, F., D. GOMEZ-MERINO, M. BERHELOT e C. Y. GUEZENNEC. 2001. "Exercise-Induced Changes in Brain Glucose and Serotonin Revealed by Microdialysis in Rat Hippocampus: Effect of Glucose Supplementation." *Acta Physiologica Scandinavica* 173:223-230.

BOURNE, E. J., A. BROWNSTEIN e L. GARANO. 2004. *Natural Relief for Anxiety: Complementary Strategies for Easing Fear, Panic, and Worry.* Oakland, CA: New Harbinger.

BRANTLEY. *Desacelere! Como a autoconsciência pode libertar você da ansiedade, do medo e do pânico.* Rio de Janeiro: Elsivier, 2008.

Broman-Fulks, J. J. e K. M. Storey. 2008. "Evaluation of a Brief Aerobic Exercise Intervention for High Anxiety Sensitivity." *Anxiety, Stress, and Coping* 21:117-128.

Broocks, A., T. Meyer, C. H. Gleiter, U. Hillmer-Vogel, A. George, U. Bartmann e B. Bandelow. 2001. "Effect of Aerobic Exercise on Behavioral and Neuroendocrine Responses to Meta-chlorophenylpiperazine and to Ipsapirone in Untrained Healthy Subjects." *Psychopharmacology* 155:234-241.

Busatto, G. F., D. R. Zamignani, C. A. Buchpiguel, G. E. Garrido, M. F. Glabus, E. T. Rocha et al. C. 2000. "A Voxel-Based Investigation of Regional Cerebral Blood Flow Abnormalities in Obsessive--Compulsive Disorder Using Single Photon Emission Computed Tomography (SPECT)." *Psychiatry Research: Neuroimaging* 99:15-27.

Cahill, S. P., M. E. Franklin e N. C. Feeny. 2006. "Pathological Anxiety: Where We Are and Where We Need to Go." In *Pathological Anxiety: Emotional Processing in Etiology and Treatment*, editado por B. O. Rothbaum. Nova York: Guilford.

Cain, C. K., A. M. Blouin e M. Barad. 2003. "Temporally Massed CS Presentations Generate More Fear Extinction Than Spaced Presentations." *Journal of Experimental Psychology: Animal Behavior Processes* 29:323-333.

Cannon, W. B. 1929. *Bodily Changes in Pain, Hunger, Fear, and Rage*. Nova York: Appleton.

Claparede, E. 1951. "Recognition and 'Me-ness.'" In *Organization and Pathology of Thought*, editado por D. Rapaport. Nova York: Columbia University Press.

Compton, R. J., J. Carp, L. Chaddock, S. L. Fineman, L. C. Quandt e J. B. Ratliff. 2008. "Trouble Crossing the Bridge: Altered Interhemispheric Communication of Emotional Images in Anxiety." *Emotion* 8:684-692.

Conn, V. S. 2010. "Depressive Symptom Outcomes of Physical Activity Interventions: Meta-analysis Findings." *Annals of Behavioral Medicine* 39:128-138.

Cotman, C. W. e N. C. Berchtold. 2002. "Exercise: A Behavioral Intervention to Enhance Brain Health and Plasticity." *Trends in Neurosciences* 25:295-301.

CROCKER, P. R. e C. GROZELLE. 1991. "Reducing Induced State Anxiety: Effects of Acute Aerobic Exercise and Autogenic Relaxation." *Journal of Sports Medicine and Physical Fitness* 31:277-282.

CROSTON, G. 2012. *The Real Story of Risk: Adventures in a Hazardous World.* Amherst, NY: Prometheus Books.

DAVIDSON, R. J. 2004. "What Does the Prefrontal Cortex 'Do' in Affect: Perspectives on Frontal EEG Asymmetry Research." *Biological Psychology* 67:219-233.

DAVIDSON, R. J. e S. BEGLEY. 2012. *The Emotional Life of Your Brain: How Its Unique Patterns Affect the Way You Think, Feel, and Live – and How You Can Change Them.* Nova York: Hudson Street Press.

DEBOER L., M. POWERS, A. UTSCHIG, M. OTTO e J. SMITS. 2012. "Exploring Exercise as an Avenue for the Treatment of Anxiety Disorders." *Expert Review of Neurotherapeutics* 12:1011-1022.

DELGADO, M. R., K. I. NEARING, J. E. LEDOUX e E. A. PHELPS. 2008. "Neural Circuitry Underlying the Regulation of Conditioned Fear and Its Relation to Extinction." *Neuron* 59:829-838.

DEMENT, W. C. 1992. *The Sleepwatchers.* Stanford, CA: Stanford Alumni Association.

DESBORDES, L. T., T. W. W. NEGI, B. A. PACE, C. L. WALLACE, C. L. RAISON e E. L. SCHWARTZ. 2012. "Effects of Mindful-Attention and Compassion Meditation Training on Amygdala Response to Emotional Stimuli in an Ordinary, Non-meditative State." *Frontiers in Human Neuroscience* 6, artigo 292.

DIAS, B., S. BANERJEE, J. GOODMAN e K. RESSLER. 2013. "Towards New Approaches to Disorders of Fear and Anxiety." *Current Opinion on Neurobiology* 23:346-352.

DOIDGE, N. *O cérebro que se transforma: Como a neurociência pode curar as pessoas.* Rio de Janeiro: Editora Record, 2016.

DREW, M. R. e R. HEN. 2007. "Adult Hippocampal Neurogenesis as Target for the Treatment of Depression." *CNS and Neurological Disorders – Drug Targets* 6:205-218.

DUNN, A. L., T. G. REIGLE, S. D. YOUNGSTEDT, R. B. ARMSTRONG e R. K. DISHMAN. 1996. "Brain Norepinephrine and Metabolites After Treadmill Training and Wheel Running in Rats." *Medicine and Science in Sports and Exercise* 28:204-209.

Dwyer, K. K. e M. M. Davidson. 2012. "Is Public Speaking Really More Feared Than Death?" *Communication Research Reports* 29:99-107.

Engels, A. S., W. Heller, A. Mohanty, J. D. Herrington, M. T. Banich, A. G. Webb e G. A. Miller. 2007. "Specificity of Regional Brain Activity in Anxiety Types During Emotion Processing." *Psychophysiology* 44:352-363.

Fagard, R. H. 2006. "Exercise Is Good for Your Blood Pressure: Effects of Endurance Training and Resistance Training." *Clinical and Experimental Pharmacology and Physiology* 33:853-856.

Feinstein, J. S., R. Adolphs, A. Damasio e D. Tranel. 2011. "The Human Amygdala and the Induction and Experience of Fear." *Current Biology* 21:34-38.

Foa, E. B., J. D. Huppert e S. P. Cahill. 2006. "Emotional Processing Theory: An Update." In *Pathological Anxiety: Emotional Processing in Etiology and Treatment*, editado por B. O. Rothbaum. Nova York: Guilford.

Froeliger, B. E., E. L. Garland, L. A. Modlin e F. J. McClernon. 2012. "Neurocognitive Correlates of the Effects of Yoga Meditation Practice on Emotion and Cognition: A Pilot Study." *Frontiers in Integrative Neuroscience* 6:1-11.

Goldin, P. R. e J. J. Gross. 2010. "Effects of Mindfulness-Based Stress Reduction (MBSR) on Emotion Regulation in Social Anxiety Disorder." *Emotion* 10:83-91.

Greenwood, B. N., P. V. Strong, A. B. Loughridge, H. E. Day, P. J. Clark, A. Mika et al. 2012. "5–HT2C Receptors in the Basolateral Amygdala and Dorsal Striatum Are a Novel Target for the Anxiolytic and Antidepressant Effects of Exercise." *PLoS One* 7:e46118.

Grupe, D. W. e J. B. Nitschke. 2013. "Uncertainty and Anticipation in Anxiety: An Integrated Neurobiological and Psychological Perspective." *Nature Reviews Neuroscience* 14:488-501.

Hale, B. S. e J. S. Raglin. 2002. "State Anxiety Responses to Acute Resistance Training and Step Aerobic Exercise Across Eight Weeks of Training." *Journal of Sports Medicine and Physical Fitness* 42:108-112.

Hayes, S. C. 2004. "Acceptance and Commitment Therapy and the New Behavior Therapies." In *Mindfulness and Acceptance: Expanding the Cognitive-Behavioral Tradition*, editado por S. C. Hayes, V. M. Follette, and M. M. Linehan. Nova York: Guilford.

Hebb, D. O. 1949. *The Organization of Behavior*. Nova York: Wiley.

Hecht, D. 2013. "The Neural Basis of Optimism and Pessimism." *Experimental Neurobiology* 22:173-199.

Heisler, L. K., L. Zhou, P. Bajwa, J. Hsu e L. H. Tecott. 2007. "Serotonin 5-HT2c Receptors Regulate Anxiety-Like Behavior." *Genes, Brain, and Behavior* 6:491-496.

Hoffmann, P. 1997. "The Endorphin Hypothesis". In *Physical Activity and Mental Health*, editado por W. P. Morgan. Washington, DC: Taylor and Francis.

Jacobson, E. 1938. *Progressive Relaxation*. Chicago: University of Chicago Press.

Jeffries, K. J., J. B. Fritz e A. R. Braun. 2003. "Words in Melody: An H215O PET Study of Brain Activation During Singing and Speaking." *NeuroReport* 14:749-754.

Jerath, R., V. A. Barnes, D. Dillard-Wright, S. Jerath e B. Hamilton. 2012. "Dynamic Change of Awareness During Meditation Techniques: Neural and Physiological Correlates." *Frontiers in Human Science* 6:1-4.

Johnsgard, K. W. 2004. *Conquering Depression and Anxiety Through Exercise*. Amherst, NY: Prometheus Books.

Kalyani, B. G., G. Venkatasubramanian, R. Arasappa, N. P. Rao, S. V. Kalmady, R. V. Behere, H. Rao, M. K. Vasudev e B. N. Gangadhar. 2011. "Neurohemodynamic Correlates of 'Om' Chanting: A Pilot Functional Magnetic Resonance Imaging Study." *International Journal of Yoga* 4:3-6.

Keller, J., J. B. Nitschke, T. Bhargava, P. J. Deldin, J. A. Gergen, G. A. Miller e W. Heller. 2000. "Neuropsychological Differentiation of Depression and Anxiety." *Journal of Abnormal Psychology* 109:3-10.

Kessler, R. C., W. T. Chiu, O. Demler e E. E. Walters. 2005. "Prevalence, Severity, and Comorbidity of 12-Month *DSM-IV* Disorders in the National Comorbidity Survey Replication (NCS-R)." *Archives of General Psychiatry* 62:617-627.

Kim, M. J., D. G. Gee, R. A. Loucks, F. C. Davis e P. J. Whalen. 2011. "Anxiety Dissociates Dorsal and Ventral Medial Prefrontal Cortex Functional Connectivity with the Amygdala at Rest." *Cerebral Cortex* 21:1667-1673.

Kuhn, S., C. Kaufmann, D. Simon, T. Endrass, J. Gallinat e N. Kathmann. 2013. "Reduced Thickness of Anterior Cingulate Cortex in Obsessive-Compulsive Disorder." *Cortex* 49:2178-2185.

LeDoux, J. *O cérebro emocional: Os misteriosos alicerces da vida emocional.* Rio de Janeiro: Objetiva, 1998.

LeDoux, J. E. 2000. "Emotion Circuits in the Brain." *Annual Review of Neuroscience* 23:155-184.

LeDoux, J. E. 2002. *Synaptic Self: How Our Brains Become Who We Are.* Nova York: Viking.

LeDoux, J. E. e J. M. Gorman. 2001. "A Call to Action: Overcoming Anxiety Through Active Coping." *American Journal of Psychiatry* 158:1953-1955.

LeDoux, J. E. e D. Schiller. 2009. "The Human Amygdala: Insights from Other Animals." In *The Human Amygdala*, editado por P. J. Whalen e E. A. Phelps. Nova York: Guilford.

Leknes, S., M. Lee, C. Berna, J. Andersson e I. Tracey. 2011. "Relief as a Reward: Hedonic and Neural Responses to Safety from Pain." *PLoS One* 6:e17870.

Linden, D. E. 2006. "How Psychotherapy Changes the Brain: The Contribution of Functional Neuroimaging." *Molecular Psychiatry* 11:528-538.

Lubbock, J. 2004. *The Use of Life.* Nova York: Adamant Media Corporation.

Maron, M., J. M. Hettema e J. Shlik. 2010. "Advances in Molecular Genetics of Panic Disorder." *Molecular Psychiatry* 15:681-701.

McRae, K., J. J. Gross, J. Weber, E. R. Robertson, P. Sokol-Hessner, R. D. Ray, J. D. Gabrieli e K. N. Ochsner. 2012. "The Development of Emotion Regulation: An fMRI Study of Cognitive Reappraisal in Children, Adolescents, and Young Adults." *Social Cognitive and Affective Neuroscience* 7:11-22.

Menzies, L., S. R. Chamberlain, A. R. Laird, S. M. Thelen, B. J. Sahakian e E. T. Bullmore. 2008. "Integrating Evidence from Neuroimaging and Neuropsychological Studies of Obsessive-Compulsive Disorder: The Orbitofronto-Striatal Model Revisited." *Neuroscience and Biobehavioral Reviews* 32:525-549.

Milham, M. P., A. C. Nugent, W. C. Drevets, D. P. Dickstein, E. Leibenluft, M. Ernst, D. Charney e D. S. Pine. 2005. "Selective Reduction in

Amygdala Volume in Pediatric Anxiety Disorders: A Voxel-Based Morphometry Investigation." *Biological Psychiatry* 57:961-966.

MOLENDIJK, M. L., B. A. BUS, P. SPINHOVEN, B. W. PENNINX, G. KENIS, J. PRICKAERTZ, R. C. VOSHAAR e B. M. ELZINGA. 2011. "Serum Levels of Brain-Derived Neurotrophic Factor in Major Depressive Disorder: State-Trait Issues, Clinical Features, and Pharmacological Treatment." *Molecular Psychiatry* 6:1088-1095.

NITSCHKE, J. B., W. HELLER e G. A. MILLER. 2000. "Anxiety, Stress, and Cortical Brain Function." In *The Neuropsychology of Emotion*, editado por J. C. Borod. Nova York: Oxford University Press.

NOLEN-HOEKSEMA, S. 2000. "The Role of Rumination in Depressive Disorders and Mixed Anxiety/Depressive Symptoms." *Journal of Abnormal Psychology* 109:504-511.

OCHSNER, K. N., R. R. RAY, B. HUGHES, K. MCRAE, J. C. COOPER, J. WEBER, J. D. E. GABRIELI e J. J. GROSS. 2009. "Bottom-Up And Top-Down Processes in Emotion Generation." *Association for Psychological Science* 20:1322-1331.

OHMAN, A. 2007. "Face the Beast and Fear the Face: Animal and Social Fears as Prototypes for Evolutionary Analyses of Emotion." *Psychophysiology* 23:125-145.

OHMAN, A. e S. MINEKA. 2001. "Fears, Phobias, and Preparedness: Toward an Evolved Module of Fear and Fear Learning." *Psychological Review* 108:483-522.

OLSSON, A., K. I. NEARING e E. A. PHELPS. 2007. "Learning Fears by Observing Others: The Neural Systems of Social Fear Transmission." *Social Cognitive and Affective Neuroscience* 2:3-11.

PAPOUSEK, I., G. SCHULTER e B. LANG. 2009. "Effects of Emotionally Contagious Films on Changes in Hemisphere Specific Cognitive Performance." *Emotion* 9:510-519.

PASCUAL-LEONE, A., A. AMEDI, F. FREGNI e L. B. MERABET. 2005. "The Plastic Human Brain Cortex." *Annual Review of Neuroscience* 28:377-401.

PASCUAL-LEONE, A. e R. HAMILTON. 2001. "The Metamodal Organization of the Brain." *Progress in Brain Research* 134:427-445.

PETERS, M. L., I. K. FLINK, K. BOERSMA e S. J. LINTON. 2010. "Manipulating Optimism: Can Imagining a Best Possible Self Be Used to Increase Positive Future Expectancies?" *Journal of Positive Psychology* 5:204-211.

Petruzzello, S. J. e D. M. Landers. 1994. "State Anxiety Reduction and Exercise: Does Hemispheric Activation Reflect Such Changes?" *Medicine and Science in Sports and Exercise* 26:1028-1035.

Petruzzello, S. J., D. M. Landers, B. D. Hatfield, K. A. Kubitz e W. Salazar. 1991. "A Meta-analysis on the Anxiety-Reducing Effects of Acute and Chronic Exercise: Outcomes and Mechanisms." *Sports Medicine* 11:143-182.

Phelps, E. A. 2009. "The Human Amygdala and the Control of Fear." In *The Human Amygdala*, editado por P. J. Whalen e E. A. Phelps. Nova York: Guilford.

Phelps, E. A., M. R. Delgado, K. I. Nearing e J. E. LeDoux. 2004. "Extinction Learning in Humans: Role of the Amygdala and vmPFC." *Neuron* 43:897-905.

Ping, L., L. Su-Fang, H. Hai-Ying, D. Zhange-Ye, L. Jia, G. Zhi-Hua, X. Hong-Fang, Z. Yu-Feng e L. Zhan-Jiang. 2013. "Abnormal Spontaneous Neural Activity in Obsessive-Compulsive Disorder: A Resting-State Functional Magnetic Resonance Imaging Study." *PLoS One* 8:1-9.

Pulcu, E., K. Lythe, R. Elliott, S. Green, J. Moll, J. F. Deakin e R. Zahn. 2014. "Increased Amygdala Response to Shame in Remitted Major Depressive Disorder." *PLoS One* 9(1):e86900.

Quirk, G. J., J. C. Repa e J. E. LeDoux. 1995. "Fear Conditioning Enhances Short-Latency Auditory Responses of Lateral Amygdala Neurons: Parallel Recordings in the Freely Behaving Rat." *Neuron* 15:1029-1039.

Rimmele, U., B. C. Zellweger, B. Marti, R. Seiler, C. Mohiyeddini, U. Ehlert e M. Heinrichs. 2007. "Trained Men Show Lower Cortisol, Heart Rate, and Psychological Responses to Psychosocial Stress Compared with Untrained Men." *Psychoneuroendocrinology* 32:627-635.

Sapolsky, R. M. 1998. *Why Zebras Don't Get Ulcers: An Updated Guide to Stress, Stress-Related Diseases, and Coping*. Nova York: W. H. Freeman.

Schmolesky, M. T., D. L. Webb e R. A. Hansen. 2013. "The Effects of Aerobic Exercise Intensity and Duration on Levels of Brain-Derived Neurotrophic Factor in Healthy Men." *Journal of Sports Science and Medicine* 12:502-511.

SCHWARTZ, J. M. e S. BEGLEY. 2003. *The Mind and the Brain: Neuroplasticity and the Power of Mental Force.* Nova York: Harper Collins.
Sharot, T. 2011. "The Optimism Bias." *Current Biology* 21:R941-R945.
SHAROT, T., M. GUITART-MASIP, C. W. KORN, R. CHOWDHURY e R. J. DOLAN. 2012. "How Dopamine Enhances an Optimism Bias in Humans." *Current Biology* 22:1477-1481.
SHIOTANI H., Y. UMEGAKI, M. TANAKA, M. KIMURA e H. ANDO. 2009. "Effects of Aerobic Exercise on the Circadian Rhythm of Heart Rate and Blood Pressure." *Chronobiology International* 26:1636-1646.
SILTON R. L., W. HELLER, A. S. ENGELS, D. N. TOWERS, J. M. SPIELBERG, J. C. EDGAR et al. 2011. "Depression and Anxious Apprehension Distinguish Frontocingulate Cortical Activity During Top-Down Attentional Control." *Journal of Abnormal Psychology* 120:272-285.
TAUB, E., G. USWATTE, D. K. KING, D. MORRIS, J. E. CRAGO e A. CHATTERJEE. 2006. "A Placebo-Controlled Trial of Constraint-Induced Movement Therapy for Upper Extremity After Stroke." *Stroke* 37:1045-1049.
VAN DER HELM, E., J. YAO, S. DUTT, V. RAO, J. M. SALENTIN e M. P. WALKER. 2011. "REM Sleep Depotentiates Amygdala Activity to Previous Emotional Experiences." *Current Biology* 21:2029-2032.
VERDUYN, P., I. VAN MECHELEN e F. TUERLINCKX. 2011. "The Relation Between Event Processing and the Duration of Emotional Experience." *Emotion* 11:20-28.
WALSH, R. e L. SHAPIRO. 2006. "The Meeting of Meditative Disciplines and Western Psychology: A Mutually Enriching Dialogue." *American Psychologist* 61:227-239.
WARM, J. S., G. MATTHEWS e R. PARASURAMAN. 2009. "Cerebral Hemodynamics and Vigilance Performance." *Military Psychology* 21:75-100.
WEGNER, D., D. SCHNEIDER, S. CARTER e T. WHITE. 1987. "Paradoxical Effects of Thought Suppression." *Journal of Personality and Social Psychology* 53:5-13.
WILKINSON, P. O. e I. M. GOODYER. 2008. "The Effects of Cognitive-Behaviour Therapy on Mood-Related Ruminative Response Style in Depressed Adolescents." *Child and Adolescent Psychiatry and Mental Health* 2:3-13.
WILSON, R. 2009. *Don't Panic: Taking Control of Anxiety Attacks*, 3ª ed. Nova York: Harper Perennial.

WOLITZKY-TAYLOR, K. B., J. D. HOROWITZ, M. B. POWERS e M. J. TELCH. 2008. "Psychological Approaches in the Treatment of Specific Phobias: A Meta-analysis." *Clinical Psychology Review* 28:1021-1037.

YOO, S., N. GUJAR, P. HU, F. A. JOLESZ e M. P. WALKER. 2007. "The Human Emotional Brain Without Sleep: A Prefrontal Amygdala Disconnect." *Current Biology* 17:877-878.

ZEIDAN, F., K. T. MARTUCCI, R. A. KRAFT, J. G. MCHAFFIE e R. C. COGHILL. 2013. "Neural Correlates of Mindfulness Meditation–Related Anxiety Relief." *Social Cognitive and Affective Neuroscience* 9:751-759.

ZUROWSKI, B., A. KORDON, W. WEBER-FAHR, U. VODERHOLZER, A. K. KUELZ, T. FREYER, K. WAHL, C. BUCHEL e F. HOHAGEN. 2012. "Relevance of Orbitofrontal Neurochemistry for the Outcome of Cognitive-Behavioural Therapy in Patients with Obsessive-Compulsive Disorder." *European Archives of Psychiatry and Clinical Neuroscience* 262:617-624.

Entre no site da Ediouro e
acesse o material extra produzido
por Catherine M. Pittman, PhD,
e Elizabeth M. Karle, MLIS.

Direção editorial
Daniele Cajueiro

Editora responsável
Ana Carla Sousa

Produção editorial
Adriana Torres
Júlia Ribeiro
Mariana Lucena

Revisão de tradução
Rodrigo Austregésilo

Revisão
Perla Serafim

Diagramação
Douglas Kenji Watanabe

Este livro foi impresso em 2024, pela Vozes, para a Agir.
O papel do miolo é Avena 70g/m² e o da capa é Cartão 250g/m².